Fundamentos da pesquisa histórica

O selo DIALÓGICA da Editora InterSaberes faz referência às publicações que privilegiam uma linguagem na qual o autor dialoga com o leitor por meio de recursos textuais e visuais, o que torna o conteúdo muito mais dinâmico. São livros que criam um ambiente de interação com o leitor – seu universo cultural, social e de elaboração de conhecimentos –, possibilitando um real processo de interlocução para que a comunicação se efetive.

Fundamentos da pesquisa histórica

Rodrigo Otávio dos Santos

EDITORA
intersaberes

Rua Clara Vendramin, 58 . Mossunguê
CEP 81200-170 . Curitiba . PR . Brasil
Fone: (41) 2106-4170
www.intersaberes.com
editora@editoraintersaberes.com.br

Conselho editorial
   Dr. Ivo José Both (presidente)
   Drª Elena Godoy
   Dr. Nelson Luís Dias
   Dr. Neri dos Santos
   Dr. Ulf Gregor Baranow
Editor-chefe
   Lindsay Azambuja
Editor-assistente
   Ariadne Nunes Wenger

Preparação de originais
   Gilberto Girardello Filho
Capa
   Charles L. da Silva
Projeto gráfico
   Bruno de Oliveira
Diagramação
   Cassiano Darela
Iconografia
   Regina Claudia Cruz Prestes

Dados Internacionais de Catalogação na Publicação (CIP)
(Câmara Brasileira do Livro, SP, Brasil)

Santos, Rodrigo Otávio dos
   Fundamentos da pesquisa histórica/Rodrigo Otávio dos Santos.
Curitiba: InterSaberes, 2016.

   Bibliografia.
   ISBN 978-85-5972-178-2

1. Historiografia 2. Pesquisa histórica I. Título.

16-06162   CDD-907.2

Índices para catálogo sistemático:
1. Historiografia 907.2

1ª edição, 2016.
Foi feito o depósito legal.
Informamos que é de inteira responsabilidade do autor a emissão de conceitos.
Nenhuma parte desta publicação poderá ser reproduzida por qualquer meio ou forma sem a prévia autorização da Editora InterSaberes.
A violação dos direitos autorais é crime estabelecido na Lei n. 9.610/1998 e punido pelo art. 184 do Código Penal.

Sumário

11 *Apresentação*
13 *Organização didático-pedagógica*

Capítulo 1
17 **Conceitos iniciais**

(1.1)
19 Funções da pesquisa histórica

(1.2)
24 Consciência histórica

(1.3)
31 Narrativa histórica

(1.4)
37 História como ciência

(1.5)
39 Visão geral da pesquisa histórica

Capítulo 2
63 Fontes: o texto escrito

(2.1)
65 O que é uma fonte?

(2.2)
72 O texto escrito

Capítulo 3
107 Fontes: a imagem e o cinema

(3.1)
109 A imagem

(3.2)
160 O cinema

Capítulo 4
175 Outras fontes

(4.1)
177 A música

(4.2)
185 Charges, cartuns, tiras e histórias em quadrinhos

Capítulo 5
205 A pesquisa histórica

(5.1)
207 A sociedade pós-1970

(5.2)
211 Aceleração do tempo histórico e os dias atuais

(5.3)
215 História como disciplina acadêmica

(5.4)
220 O uso das fontes históricas em sala de aula

(5.5)
238 Projeto de pesquisa em História

247 *Considerações finais*
249 *Referências*
257 *Bibliografia comentada*
259 *Respostas*
261 *Sobre o autor*

Agradecimentos

Algumas pessoas merecem ter seu nome aqui, já que foram imprescindíveis para a realização deste trabalho. Primeiramente, agradeço aos professores André Cavazzani e Álvaro Fonseca Duarte, por me escolherem para escrever esta obra, bem como à professora Renata Garbosa, que me apresentou a eles.

Agradeço também aos professores do mestrado em Educação e Novas Tecnologias, professor Alvino Moser, professor Luciano Frontino de Medeiros, pelo apoio e pela acolhida no programa.

Ao pessoal da Editora InterSaberes, pela paciência e pela consideração em vários momentos do processo editorial.

À minha linda namorada, Tatiana Zempulski, pela paciência e pelos sábados que dediquei a esta obra.

Aos meus pais, Carmen e Antônio, pela educação primorosa que sempre me deram e pela luta para que eu sempre estudasse em ótimos colégios, resultando, ao fim e ao cabo, nesta e em outras tantas obras vindouras. Não fossem eles, você não estaria lendo isto agora.

Às minhas irmãs e também à minha madrasta, pela ajuda – direta ou indireta – ao longo da jornada maior da vida.

Por fim, um agradecimento especial à minha colega de doutorado, Dulceli Tonet Estacheski, que foi a primeira leitora desta obra, criticando e me ajudando sempre, sem nunca titubear.

E, claro, a você, leitor, que vai entrar agora na jornada da pesquisa histórica. Bom passeio!

Apresentação

Caro leitor! É com muita honra e felicidade que escrevemos esta obra, para que você consiga compreender ainda mais o vasto e interessantíssimo mundo que permeia a pesquisa histórica. Não é de se espantar se este livro revelar a você uma série de possibilidades para seu desenvolvimento como professor, pesquisador, aluno ou, simplesmente, interessado. Nossa ideia é esta mesmo: abrir caminhos e apresentar alternativas para que seu mundo dentro da história fique ainda melhor e mais denso, mais complexo e mais científico.

No Capítulo 1, você entrará em um mundo de conhecimento que desmistificará o conceito de pesquisa histórica, além de entrar em contato com suas funções e os nomes mais importantes da área. Você descobrirá a consciência histórica e a narrativa histórica, que são pilares de toda e qualquer pesquisa historiográfica.

No segundo capítulo, você conhecerá mais um pouco sobre os textos escritos como fontes, ou seja, como, quando e por que usamos textos para desbravar o passado. Apresentaremos alguns tipos e modelos de fontes escritas, como os testamentos, os processos criminais, os diários íntimos e, logicamente, os pronunciamentos e discursos. Mas as fontes não se resumem aos textos, razão por que, no Capítulo 3, você encontrará as imagens estáticas e as imagens dinâmicas, ou seja, os quadros, os cartazes, as fotografias e, claro, o cinema.

No Capítulo 4, você entrará em contato com outros tipos de fontes, tão complexas e interessantes quanto as anteriores, que são as músicas e as imagens do traço, divididas em cartuns, charges, tiras e histórias em quadrinhos. A diferença entre esses tipos de trabalho você conhecerá durante a leitura atenta deste livro. No quinto e último capítulo, demonstraremos como utilizar todos esses conhecimentos na prática, ou seja, como você poderá fazer especificamente uma pesquisa e utilizar as fontes em sua sala de aula com seus alunos.

Enfim, esperamos que você leia este livro e, ao final dele, tenha aprendido e refletido sobre as formas de pensar e pesquisar historicamente. Queremos que você realize pesquisas cada vez mais elaboradas, ao mesmo tempo em que leve para sua prática na sala de aula as lições aqui aprendidas e, mais do que isso, que desenvolva novas lições, novas metodologias e novas ambições dentro da história. Tenha uma ótima leitura!

Organização didático-pedagógica

Esta seção tem a finalidade de apresentar os recursos de aprendizagem utilizados no decorrer da obra, de modo a evidenciar os aspectos didático-pedagógicos que nortearam o planejamento do material e como o aluno/leitor pode tirar o melhor proveito dos conteúdos para seu aprendizado.

Síntese

Você conta, nesta seção, com um recurso que o instigará a fazer uma reflexão sobre os conteúdos estudados, de modo a contribuir para que as conclusões a que você chegou sejam reafirmadas ou redefinidas.

Atividades de autoavaliação

Com estas questões objetivas, você tem a oportunidade de verificar o grau de assimilação dos conceitos examinados, motivando-se a progredir em seus estudos e a se preparar para outras atividades avaliativas.

Atividades de aprendizagem

Aqui você dispõe de questões cujo objetivo é levá-lo a analisar criticamente determinado assunto e aproximar conhecimentos teóricos e práticos.

Para saber mais

Você pode consultar as obras indicadas nesta seção para aprofundar sua aprendizagem.

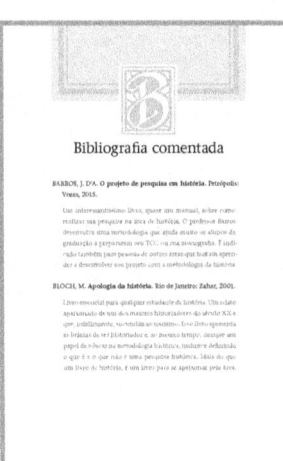

Bibliografia comentada

Nesta seção, você encontra comentários acerca de algumas obras de referência para o estudo dos temas examinados.

Capítulo 1
Conceitos iniciais

Muitas são as funções da pesquisa histórica e muito se questiona sua profundidade e metodologia. Afinal, como veremos, a própria "utilidade" da disciplina histórica pode e deve ser contestada. Podemos dizer que o homem é, por si só, uma criatura histórica. Ainda que sua existência no planeta seja ínfima, o indivíduo procura sempre se situar, estar em conjunto com seus contemporâneos em um tempo e espaço específicos. E nesse tempo e lugar ele tenta deixar sua marca. E do mesmo modo que intenciona ser lembrado, ele também lembra. O homem lembra de seu passado e, com determinados aparatos e técnicas, tem capacidade de lembrar o passado dos demais da sua raça. Mas como lembra, por que lembra e qual a função do lembrar é o que pretendemos investigar neste capítulo.

(1.1)
FUNÇÕES DA PESQUISA HISTÓRICA

Pensar em história não é pensar no passado. Na verdade, pensar em história é pensar no futuro. Isso porque a disciplina História não serve para nada se os ensinamentos dela permanecerem no passado opaco, no vazio que nos separa das eras que nos precederam. Quando olhamos para trás, desejamos ardorosamente respostas para nosso hoje. E – assim como Rüsen, Bloch, Koselleck, Febvre, Burke, Dosse e tantos outros sustentam – mais ainda para nosso amanhã.

A História tem como missão transferir do passado as questões que influenciam a sociedade no presente – afirmação que também está repleta de interrogações. É necessário saber a qual passado, a qual sociedade, a qual presente e até mesmo a qual futuro essa afirmação diz respeito. O sujeito que faz a pesquisa também está imerso em um mar de conjecturas, reflexões, certezas e incertezas próprias do seu próprio tempo. Podemos recordar que até pouco tempo atrás o átomo era a menor partícula existente no universo. Essa afirmação era uma certeza até o início do século passado. Hoje sabemos que o átomo é dividido em próton, elétron e nêutron, mas quanto mais a física avança, mais subdivisões são descobertas, como os *quarks*, que, por sua vez, são divididos em seis espécies. Enfim, um homem, seja ele pesquisador ou não, está sempre em contato com sua sociedade; e, assim como não existe homem que não vive em sociedade, não existe ciência feita isoladamente.

Desconhecer o passado não limita apenas a compreensão do presente, como pode parecer óbvio; compromete também as próprias ações do presente. Em um livro escrito durante a Segunda Guerra, Marc Bloch (2001), um dos principais historiadores franceses do século XX e um dos fundadores da importantíssima Escola de Annales, afirma que, em uma sociedade qualquer que fosse inteiramente determinada apenas pelos acontecimentos que ocorreram no período imediatamente anterior àquele em que se vive, não só perderíamos completamente a capacidade de mudança – afinal, os erros e acertos determinam as mudanças –, como também seria preciso que as trocas entre as gerações funcionassem apenas com um vetor, ou seja, apenas em linha reta. O filho saberia apenas sobre o pai, o pai, apenas sobre o avô, e assim sucessivamente. As crianças só teriam contato com seus ancestrais por meio de seus progenitores.

Compreender o homem e suas sociedades durante o tempo é a função principal da história. Naturalmente, é também a função principal da pesquisa histórica. Bloch (2001) afirma que são os homens que a história deseja capturar e compreender. A pesquisa que não fizer isso será, no máximo, um exercício pífio de erudição. A ação humana na Terra passa por duas antíteses. De um lado, há o *continuum*, ou seja, as coisas sempre iguais que todos os homens fazem ao longo do tempo. Por exemplo, todos os homens respiram; todos os homens vivem cerca de 70 anos (sabemos que isso varia, mas é uma estimativa apenas a título de ilustração); para procriação são necessários um homem e uma mulher, que fica grávida, em geral, por 9 meses; além disso, todos os homens vivem em sociedades, comunicam-se, utilizam ferramentas e guerreiam. Estamos tratando de verdades "desde que o mundo é mundo". Do outro lado do espectro, temos as mudanças. Não podemos dizer que o indivíduo do século XVI é igual ao do século XIX. A própria invenção da fábrica, como informa Decca (1984), já modificou profundamente a sociedade. O mesmo podemos dizer do indivíduo nascido por volta de 1950, analógico, e o indivíduo nascido por volta de 2010, digital. As revoluções sucessivas das técnicas ampliaram sobremaneira também o intervalo psicológico entre as gerações. O homem da era da internet sente-se muito distante de seus antepassados. Quantas vezes você, leitor, já não se perguntou "**como poderiam os homens viver sem o Google?**". Mas esquece-se que o *website* norte-americano de buscas foi inaugurado apenas em 1999, no alvorecer do século XXI.

É justamente a antítese entre o que é sempre o mesmo e aquilo que muda constantemente que gera os problemas e as pesquisas históricas. Cabe aos escritores e aos pesquisadores facilitar essas transferências de pensamento, ainda que em gerações muito afastadas temporalmente, como atesta Bloch (2001). Uma das funções mais importantes do historiador é colocar os homens de ontem em contato com os de hoje. Tentar fazer os de hoje compreenderem pensamentos, problemas, anseios e apreensões daqueles que já se foram. Afinal, não existe conhecimento verdadeiro sem uma dose de comparação.

Antigamente, de acordo com Bloch (2001), atribuía-se uma importância gigantesca às origens das coisas humanas. O pensador francês nos lembra especificamente do caso do cristianismo, que é uma religião extremamente urbana, forjada no florescimento das cidades, e também uma religião histórica. Só precisamos, para isso, lembrar que os dogmas primordiais do cristianismo se baseiam em certos acontecimentos, que foram, por sua vez, narrados em um livro. Mas entender as origens, os primórdios, não é suficiente para explicar o desenvolvimento e a perenidade de determinado fato ou o desenvolvimento de uma ação humana. Por mais intacta que esteja uma tradição, sempre teremos de buscar e apresentar as razões para sua manutenção. **Por que o cristianismo está presente majoritariamente no mundo há cerca de 2 mil anos?** Não devemos, como historiadores, acreditar na força da fé ou na metafísica. É nosso dever procurar as razões históricas, humanas, para esse fenômeno. E para isso também serve a pesquisa histórica.

A vida humana é, comparativamente à vida global ou ao tempo de existência do planeta, ínfima. A metáfora mais utilizada, principalmente por aqueles que estudam os astros ou as formações geológicas, é que se o tempo do planeta fosse um ano, o ser humano estaria nascendo dia 31 de dezembro. E uma vida humana, com seus cerca de 70 anos, não seria um décimo de um segundo. Assim, a tarefa de recuperar o que ocorreu no passado é duríssima. A imaginação e o senso de abstração, tanto do historiador quanto de seu leitor, devem ser intensos. Lembremo-nos que, por mais que se narre uma guerra com muitos detalhes, normalmente o historiador não participou dela. E quando participou, viu apenas uma face da tragédia. **O que dizer, então, da vida de um camponês do século XV na Europa?** É a pesquisa histórica que tem o árduo trabalho de tentar fazer compreender como era a vida desse cidadão. É por meio da pesquisa histórica que esse indivíduo, bem como sua sociedade, ganham novamente uma voz: diferente, plural, modificada; mas, ainda assim, ganha-se uma nova leitura, uma outra interpretação, uma nova chance.

Sempre é bom recordar, novamente seguindo os ensinamentos de Bloch (2001), que a **incompreensão do presente fatalmente é** cria da ignorância do passado. O homem que aprende seu passado tem uma tendência a não repeti-lo. Afinal, errar é humano, mas persistir no erro não é muito inteligente. Ao mesmo tempo, o desconhecimento do presente acaba por levar o indivíduo a não entender o passado. A incompreensão do presente é o maior veneno para o historiador que pretende enxergar outra sociedade, distante no tempo – e, às vezes, no espaço; a capacidade de apreender seu entorno é uma das qualidades mais esperadas de um bom historiador e pesquisador. Para interpretar os documentos necessários à compreensão do tema escolhido, para fazer as perguntas corretas e, até mesmo, para fazer uma boa ideia deles, a condição *sine qua non* do pesquisador é observar e analisar o hoje. Apenas a paisagem atual dá condições de pensar e refletir sobre a paisagem de ontem.

Outra questão importante no que tange à pesquisa histórica é saber qual sua abrangência. **A década de 2000, por exemplo, pertence à história? Ou à sociologia? Ou, ainda, ao jornalismo?** Durante muitos anos esse tipo de debate inócuo foi travado nas salas de aula e em reuniões acadêmicas e academicistas. Felizmente, esse tempo parece ter passado, tanto que atualmente existe até a expressão "história do tempo presente" e um grande número de estudantes, professores e pesquisadores que dedicam suas vidas ao estudo das fontes que ainda estão "vivas" ou "quentes". A maior prova disso é a quantidade de trabalhos feitos sobre temas com cerca de vinte, dez ou até mesmo apenas cinco anos de distância da sua escrita. Ao mesmo tempo, é importante não nos restringirmos. Sempre haverá, por exemplo, especialistas em Idade Média ou em egiptologia, mas é importante lembrar que nenhum homem é uma ilha, muito menos uma área do saber. Na grande imagem formada pela história, não há Idade Média ou Egito antigo. **A única história verdadeira é a história universal.** Aquela que abrange tudo e todos ao longo do tempo. Quanto mais nos compartimentarmos como grupos de pesquisa, menos saberemos e mais alienados em nossos próprios conhecimentos ficaremos.

Pesquisar a história significa entender o fazer e o sofrer humano, como defende Reinhard Koselleck (2006). Em outras palavras, a pesquisa histórica é fundamental para que possamos compreender melhor a consciência histórica e para que melhoremos não apenas como historiadores, mas também como cidadãos e, principalmente, como seres humanos.

(1.2)
Consciência histórica

Antes de estudarmos precisamente os fundamentos da pesquisa na área de história, é interessante percebermos como ela age na mente humana e qual, afinal, é a razão de a estudarmos.

Muito já foi falado sobre o estudo da história e muito mais ainda falaremos neste livro. Gostaríamos, porém, de começar com as ideias de **Jörn Rüsen** – pensador e historiador alemão nascido na cidade de Duisburg, em 19 de outubro de 1938. Rüsen defendeu sua tese de doutorado em 1966, que foi o início de sua carreira como um dos atuais grandes pensadores no campo da história. No entanto, sua principal contribuição para a teoria da história e para a pesquisa histórica veio por volta da década de 1980, com o conceito de **consciência histórica**. A partir dele, Rüsen (2010) definiu como e por que devemos estudar coisas que ocorreram em nosso passado. Por que motivo devemos estudar metodologicamente os feitos já acontecidos? Para que nos debruçamos sobre acontecimentos antigos e por que gastamos tempo tentando compreendê-los (pois não é possível mudá-los)? Lembramos, aqui, que sempre se pode voltar ao passado por meio de memórias, relatos e, até mesmo, fofocas. Por que, então, estudar o passado com um caráter de ciência?

Rüsen (2011), então, criou uma matriz conceitual primordial para estudarmos a história e para discutirmos a relação entre vida cotidiana e saber histórico. Para o historiador, não há como dissociar a história da vida prática, pois ela pertence à vida das pessoas. Não apenas a história mais simples, aquela que é óbvia e está na frente de cada espectador, como a história da sua cidade ou da sua família, mas também uma história maior, mais abrangente, seja a história de um grande pedaço desconhecido do Brasil, seja a história global, da Ásia, da África ou da Europa. Quando esse fato não é percebido, descola-se a história do interesse dos indivíduos. Segundo Bloch (2001), a História deveria ser, mais do que útil, motivadora e divertida. Caso não fosse assim, não restariam pesquisadores. Dennison de Oliveira (2011) nos diz que, atualmente, a maior parte dos livros de não ficção vendidos para as pessoas são livros de história. Seja no formato de biografias, seja na forma de relatos de acontecimentos que preenchem o cotidiano do leitor, a curiosidade é um dos principais elementos que motiva a leitura dessas obras. Portanto, a curiosidade deve estar sempre aflorada, considerando que está relacionada a algo presente no dia a dia do leitor.

Rüsen (2011), então, desenvolveu uma teoria, uma forma de explicar o movimento que o estudo da história faz no indivíduo e também na sociedade. Ele chamou esse conceito de *consciência histórica* e, com base nele, desenvolveu a ideia de como as pessoas compreendem e como a história – na qualidade de ciência – deve ser compreendida. O esquema desenvolvido é visual, na forma de uma matriz.

Vejamos, a seguir, essa matriz, que procura entender a noção da consciência histórica, ou seja, a forma como "utilizamos" a história para entendermos nosso hoje e tentarmos forjar um amanhã melhor.

Figura 1.1 – Matriz de Rüsen

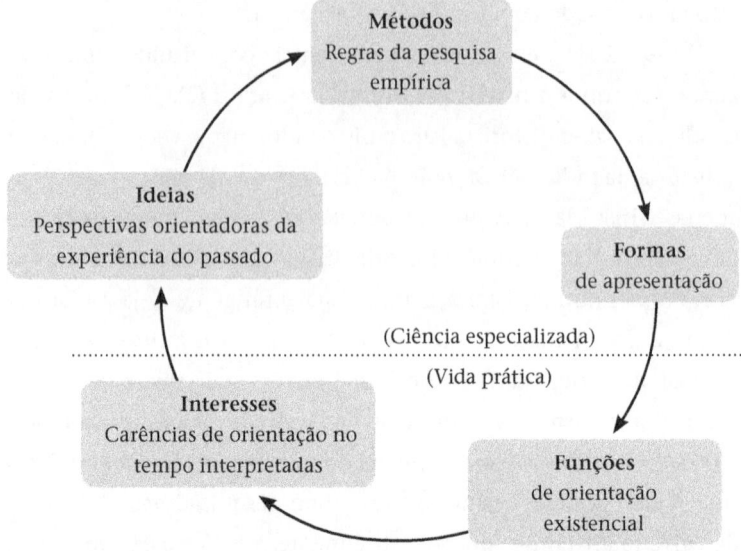

Fonte: Rüsen, 2011, p. 35.

Mediante a análise da figura, percebemos que Rüsen (2011) apresenta uma divisão clara entre a **ciência especializada** – que é feita por profissionais historiadores – e a **vida prática** – que é vivenciada por todas as pessoas, historiadoras ou não. Assim, percebemos que a história é uma ciência que sai das paredes da academia especializada e afeta todos os homens em todos os tempos. A consciência histórica parece ser inerente, portanto, a todos os indivíduos.

A consciência histórica é um elemento-chave na percepção do ser humano, dando à vida prática uma matriz temporal, uma forma de percepção da passagem do tempo, necessária e fundamental à vida, uma vez que perpassa todos os assuntos na vida prática. A ideia de Rüsen é tentar apreender todo o contexto que o cerca, visto que a história é um elo significativo entre presente, passado e futuro, entre o hoje, o ontem e o amanhã. Com base na consciência histórica, o "ser" e o "dever" humanos são misturados e adquirem significado. É com essa consciência que se faz a parte prática da história; é ela que move os homens, que os dirige nesta ou naquela direção.

> A consciência histórica que Rüsen (2010) nos apresenta deve ser utilizada para aprender o passado, compreender o presente e tentar moldar o futuro. Ela age para melhorar nosso modo de orientação em situações reais no dia a dia. É por meio da consciência histórica que tentamos compreender o que aconteceu para entender o que está acontecendo neste momento e procurar modificar e melhorar o que acontecerá daqui a instantes.

Também temos de nos concentrar na face palpável da consciência histórica, que é a **narrativa**, a qual veremos com mais detalhes mais adiante, pois ela tem o poder de ensinar os elementos básicos dos acontecimentos não apenas para o leitor, aquele que lê ou ouve a narração, mas também para o escritor, aquele que se dedica a forjá-la.

A **orientação temporal** que une o passado ao presente para que consigamos compreender o que está acontecendo no momento em que fazemos esse exercício mental pode ser vista como senso histórico, mas também faz referência ao tempo futuro, pois sempre pensamos nas possíveis maneiras de atuar em relação àquilo que ainda não chegou, almejando facilitar decisões vindouras.

Rüsen (2011, p. 56) afirma que "a história é o espelho da realidade passada, na qual o presente aponta para aprender algo sobre seu futuro". A consciência histórica trata o passado como experiência, e a história tem uma função tão significativa que consegue abranger, ao mesmo tempo, presente, passado e futuro. Temos de lembrar, porém, que a história é uma "tradução" do passado e, por isso, tem, além de um tradutor com nome e sobrenome, uma intenção, uma forma de olhar e abordar o passado.

Quando estudamos história, inevitavelmente estamos traduzindo um passado com o olhar direcionado para nossa própria vida e, mais do que isso, com o olhar direcionado para nosso futuro. Nada no mundo é imparcial; portanto, podemos dizer que nenhuma narrativa histórica o é. Não existe historiador, físico, advogado, professor ou qualquer tipo de profissional ou ser humano imparcial. Todos os seres humanos desejam um futuro melhor e mais auspicioso. E essa é a razão pela qual **a consciência histórica deve fazer o presente inteligível e conferir uma perspectiva melhor em relação aos dias vindouros**. A intencionalidade da ação é uma das principais funções da consciência histórica, uma vez que, por meio dela, é possível proporcionar uma direção temporal e uma orientação para, intencionalmente, guiar a ação. Além disso, essa orientação tem lugar em duas esferas da vida: a vida prática e a subjetividade dos atores.

A dimensão temporal do dia a dia, da vida cotidiana, é o aspecto externo da orientação histórica, uma vez que facilmente podemos perceber a atividade humana ao longo do tempo. Por sua vez, o aspecto interno nos fala da subjetividade humana, ou seja, da compreensão interna do indivíduo e de sua sociedade, além do conhecimento das características que acabam por formar a identidade histórica, ou, como diz Rüsen (2011, p. 58), "a consistência constitutiva das dimensões temporais da personalidade humana".

A partir daí, o homem consegue ampliar seu limite temporal para além da sua vida, além do breve período em que passa na superfície do planeta Terra e de sua própria mortalidade. É por meio da consciência histórica que o indivíduo faz parte de um todo maior do que a vida individual.

Se olharmos para a matriz desenhada por Rüsen (2010), percebemos que tudo se inicia com as **ideias do pesquisador**. É fácil identificarmos o pesquisador como aquele que idealiza as ideias, porque há uma linha transversal que indica a ciência especializada. Nesse momento, o leitor curioso da história ainda não entra no esquema do pensador.

As ideias são as perspectivas que orientam o passado, ou seja, existe a decisão objetiva e arbitrária do que estudar, sobre quais elementos ou fatos o pesquisador vai se debruçar. Não devemos nos esquecer, porém, de que essas decisões são inerentes também à vida do pesquisador. Algum interesse o historiador precisa ter para chegar ao seu tema. A curiosidade que faz com que ele estude e gaste seu tempo neste tema e não naquele é uma das características da nossa profissão: a escolha daquilo que é interessante, daquilo que é relevante, daquilo que possa, de alguma forma, lançar luz sob o passado para compreender o presente e moldar o futuro. Essas perspectivas norteiam a experiência do passado e justificam escolhas e decisões quanto à pesquisa e seu tema.

Em seguida, temos as **formas de pesquisa e os métodos necessários** para sua execução de uma maneira metodologicamente correta, ou seja, uma pesquisa verdadeiramente historiográfica, digna de um historiador. Pensemos: qualquer um – em tese – pode escrever ou descrever o passado. Qualquer um pode escrever um texto acerca do tempo passado. Inclusive, diversas pessoas o fazem. Mas para ser um historiador, para fazer valer a ideia de Rüsen (2010) e, até mesmo, a própria noção de *história* na academia, é necessário um método. Por isso, dizemos que jornalistas, cronistas ou curiosos não são historiadores. Por melhor que sejam seus relatos, eles carecem de metodologia específica da história. Faltam-lhes as ferramentas que utilizamos diariamente e que diferem a ciência da mera especulação. Pois a história sem método é apenas isso: especulação, achismo, fofoca...

Uma terceira parte, e que veremos logo a seguir, é a parte da apresentação do estudo realizado: a **narrativa histórica**.

Apenas com essas três etapas vencidas podemos pensar na vida prática, na vivência da história por pessoas que não necessariamente são historiadoras. Como o próprio esquema mostra, a orientação existencial dos indivíduos é moldada pelo conhecimento da história. O homem comum, não historiador, está o tempo todo sendo forjado pelo uso que faz de sua história. Essa afirmação é tão verdadeira que dizemos que um homem sem história não passa de um animal. Conhecer a história é tão fundamental que não há um de nós sequer que não se "lembre de uma história" que ocorreu consigo ou com algum amigo ou, ainda, algum fato cotidiano que extrapole sua vizinhança. Quantos de nós somos o que somos graças às histórias que nos contaram quando crianças? Nossas decisões mais simples e também as mais complexas sempre passam – em maior ou menor grau – pela história.

Em seguida, e fechando um ciclo que não se fecha, vêm os **interesses dos indivíduos** comuns em relação aos fatos históricos. As pessoas querem saber sempre mais sobre o mundo que as cerca. Homens e mulheres querem sempre compreender as mudanças temporais do mundo contemporâneo: o que ocorreu e por que, os motivos, as causas e as consequências que deixaram as coisas do jeito que estão. Esses questionamentos acabam por incentivar a próxima etapa do círculo que nunca se encerra, ou seja, são as dúvidas e os interesses dos indivíduos que acabam por fomentar e alimentar as dúvidas e os questionamentos das próximas pesquisas históricas. Voltamos, assim, ao campo das ideias e reiniciamos mais um ciclo.

(1.3)
NARRATIVA HISTÓRICA

A história se apresenta ao seu "consumidor", ao seu "degustador", por meio da narração. A consciência histórica se manifesta por meio da narração de uma história. Koselleck (2006) e François Dosse (2003) explicam que a disciplina História pode ser vista como uma sequência de fatos ao mesmo tempo em que pode ser considerada a narrativa desses fatos. A história é o que ocorreu no passado, mas é também a forma como esse acontecimento foi narrado.

Apoiando-se no teórico russo Mikhail Bakhtin (2011), podemos dizer que, na escrita, sempre há dialogismo; assim, ao mesmo tempo em que o historiador escreve, ele também está lendo e relendo suas fontes e também os estudos prévios. O mesmo ocorre com o leitor, que está, no momento em que lê, forjando conexões entre seu contexto, suas leituras prévias e seu repertório de informações e vivências. Aumentando o conceito dialógico, podemos constatar, ainda apoiados no filósofo russo, que tanto o escritor quanto o leitor (sejam eles historiadores ou não) estão cerceados pela sociedade, que de certa forma coloca algumas imposições na leitura e na escrita, como informou Michel Foucault (2015).

A ideia de Bakhtin (2011) é que, para cada texto lido, novos textos estão sendo formados. Isso porque um texto – ou, na terminologia de Bakhtin, um *enunciado* – nunca é transmitido da mesma forma. Por mais que a mesma pessoa leia o mesmo texto em dois momentos da vida, eles serão textos diferentes. Por mais que o texto (as palavras, as vírgulas, as imagens) não tenham mudado, o leitor mudou. E o leitor modifica-se a cada leitura, não apenas graças à sua expansão teórica e metodológica, mas também porque o contexto se modifica. Fatos e acontecimentos influenciam diretamente a leitura de uma obra. Apenas a título de exemplificação, um texto como *As origens do totalitarismo*, de Hannah Arendt, receberá certa leitura em um ambiente distante do totalitarismo, outra quando o totalitarismo está premente e ainda outra quando o regime é totalitário. Mesmo que o indivíduo leitor seja o mesmo, seu entorno mudou. Não podemos nos esquecer também de que uma obra complementa a outra, ou a rebate, ou, ainda, a minimiza. Em todos esses casos, a obra lida modifica-se. Novamente a título de exemplificação, ler o brilhante texto escrito em 1933 por Walter Benjamin (1994), *A obra de arte na era de sua reprodutibilidade técnica*, traz muitas ideias e suscita uma série de reflexões. Mas ler esse livro e, em seguida, ler *A indústria cultural*, de Theodor Adorno (1999), traz outras reflexões. Nesse exemplo, uma obra complementa e amplia a outra. Assim, podemos dizer que a segunda leitura da obra de Benjamin (1994) torna-se mais densa a partir da leitura do texto de Adorno (1999), escrito na segunda metade da década de 1940.

Dosse (2001) defende que toda narrativa é mediação, ao mesmo tempo em que não se pode transmitir um conteúdo sem a presença de um "objeto" mediador. Quem faz o papel de mediador do tempo pretérito para o tempo atual almejando o tempo futuro é a **narrativa**. Não há história sem narrativa. Note que normalmente estamos falando da *narrativa escrita*, uma vez que há certa tradição nessa forma de rememorar nosso passado. No entanto, durante milênios os fatos passados eram narrados apenas por meio da oralidade, e ainda hoje muitas das conexões que fazemos com o passado são feitas da mesma forma, por meio das histórias que nos contam. Além disso, não podemos nos esquecer das demais formas de narrativa. O **cinema** é, talvez, a principal delas. Oliveira (2011) nos diz que boa parte da noção de *história* que as pessoas têm veio por meio do cinema ou da televisão. E há ainda as histórias em quadrinhos, o teatro, a música...

Para Paul Ricoeur (1994), a narrativa histórica é uma ficção, não uma interpretação. Já segundo Hayden White (2004), a narrativa tem valor explicativo e o historiador deve ser capaz de explicá-lá. White (2004), oriundo da *linguistic turn* norte-americana, tende a acreditar que a história é uma ficção e que, por isso, partilha com a literatura as mesmas estratégias, tais como o envolvimento do leitor no enredo, o suspense, o desenvolvimento e o desfecho – muitas vezes arrebatador – da trama. Assim, esse autor desconsidera os critérios maiores de cientificidade e a dependência das fontes por parte do historiador.

A narrativa é responsável por fazer a ponte entre o espaço de experiência e o horizonte de expectativas, que são duas categorias muito bem descritas por Koselleck (2006). Esse autor diz que **horizonte de expectativas** e **espaço de experiência** são equivalentes a **tempo** e **espaço**, haja vista sua importância e sua cumplicidade. Não há espaço de experiência sem horizonte de expectativas e vice-versa.

Experiência é o passado recente, vivo, fresco, de que o indivíduo consegue se lembrar e cujos acontecimentos foram incorporados à sua vida e ao seu repertório. Nessa categoria, podemos inserir tanto as elucubrações racionais quanto os pensamentos inconscientes, que não estão efetivamente vívidos nem são facilmente explicitados. Além disso, na experiência de cada ser humano, transmitida por gerações e por instituições, sempre permanecem as experiências alheias, que constituem referencial de conhecimento ao indivíduo. Nossa noção de *passado* atual é forjada ao mesmo tempo pelas nossas lembranças e pelas lembranças de outras pessoas que se mesclam às nossas. E, além de nossas experiências, que validam nosso conhecimento acerca de nossa existência, também temos acesso à uma infinidade de informações que compõem experiências de outras pessoas, mas que se fundem às nossas. Um telejornal, por exemplo, traz uma infinidade de informações que, em maior ou menor grau, também acaba compondo nossa memória e nossa visão de nós mesmos. Um filme, uma novela, uma reportagem acabam por reforçar nossas experiências pessoais relativas a um passado recente – ao nosso passado recente.

A **expectativa** é – ao mesmo tempo – ligada ao interpessoal e também ao indivíduo, mas com suas vistas apontadas para o futuro próximo. Diz respeito ao que se faz no hoje, mas que de fato ainda não aconteceu e que pode apenas ser previsto. Conforme Koselleck (2006), pertencem a essa categoria a esperança, o medo, a vontade, a inquietude e os desejos, mas também a curiosidade, as análises racionais e a visão receptiva.

É na expectativa que reside talvez o maior problema do homem urbano: a ansiedade. A ansiedade nada mais é do que viver na expectativa do futuro. O homem ansioso é aquele que tem dificuldade de viver o hoje porque só consegue se preocupar com o amanhã. Com o mundo capitalista exacerbado em que vivemos, infelizmente isso está cada vez mais recorrente.

Ao mesmo tempo, todas as esperanças relativas ao futuro também estão depositadas na expectativa: um mundo melhor, uma nova forma de viver mais digna e menos exploratória, um novo jeito de encarar o mundo ou mesmo a manutenção de certos privilégios e a eterna noção de *crescimento*. O próprio termo *progresso*, estampado em nossa bandeira, nada mais é do que uma expectativa. Progredir sempre, melhorar sempre.

Apoiados pela experiência e pela expectativa, indivíduos escrevem, diariamente, suas histórias e as histórias de outros personagens. A história é a narração de um ato, de uma ação. Por isso, pode-se caracterizar a competência essencial e específica da consciência histórica como a **competência narrativa**, ou seja, a capacidade de utilizar mecanismos que dão sentido ao passado, relacionando-o ao presente por meio da lembrança do que já aconteceu. Com isso, dá-se sentido ao passado.

> Saber narrar o passado é a principal competência do historiador. Afinal, de que adianta saber tudo sobre determinada época ou conjuntura se não conseguimos passar isso para outras pessoas? E não podemos jamais nos esquecer de que o foco no passado é uma forma de entender o presente para melhorar o futuro. Rüsen (2010) sempre insiste nessa premissa. E, para que faça sentido, a competência narrativa deve contemplar também a decisão de ser entendido. Como diria Bloch (2001), o verdadeiro historiador é aquele que fala, ao mesmo tempo, aos eruditos e aos jovens, aos que conhecem bem o tema e aos que nunca o viram. Enfim, o bom historiador escreve para ser lido por todos.

Para dar sentido ao passado, de acordo com Rüsen (2010), são necessários três elementos da narrativa histórica: forma, conteúdo e função. No que tange ao **conteúdo**, podemos pensar em uma "competência para a experiência histórica"; no que diz respeito à **forma**, podemos mencionar uma "competência para interpretação histórica"; e em relação à **função**, uma "competência de orientação histórica" – ou seja, experiência, interpretação e orientação.

A **competência de experiência** supõe uma capacidade de olhar as experiências temporais. Ela nos informa a respeito da habilidade de olhar para o passado e resgatar sua qualidade temporal, mostrando-o diferente do presente. Aqui, o historiador deve informar ao seu leitor as vicissitudes e as idiossincrasias de cada época, de cada cultura, de cada contexto, e, ao mesmo tempo, indicar as diferenças, ora sutis, ora gigantescas, com o contexto atual. Ao olharmos para a Idade Média, por exemplo, verificamos diversas coisas que eram muito diferentes das atuais, como as condições de higiene; ao mesmo tempo, certas coisas mudaram pouco, como a ideia do casamento ou mesmo a noção do herói, já bem delineada na obra de Joseph Campbell (1995).

Em relação à **competência de interpretação**, é necessário diminuir as diferenças de tempo entre passado e presente e também entre presente e futuro, procurando uma concepção de um todo temporal significativo que compreenda as múltiplas dimensões do tempo. A temporalidade da vida humana certamente é um dos principais instrumentos dessa interpretação, pois ela é a tradução de experiências da realidade passada a um entendimento do presente e a expectativas em relação ao futuro. Aqui fica patente a preocupação de Rüsen (2010) com o entendimento da história. Não fosse a nossa existência individual, não haveria motivo para estudarmos. Todo estudo envolve, em maior ou menor grau, uma identificação do pesquisador. Assim, e olhando a história com vistas para a temporalidade da breve vida humana, conseguimos compreender e explicar melhor a relação passado-presente-futuro. A interpretação fica facilitada quando conseguimos traduzir o ontem para forjar um amanhã melhor, começando por hoje.

No que tange à **competência de orientação**, é necessário ser capaz de fazer uso do todo temporal, mediante a experiência adquirida, com o propósito de orientar a vida. Aqui, é imprescindível guiar a ação por meio das noções de mudança temporal, articulando conhecimento histórico e identidade humana, gerando uma trama complexa. Afinal, cada ser humano é, em tese, único e singular. Assim, orienta-se o indivíduo com base no contexto atual e também com os olhos para o contexto passado; afinal, o contexto atual é um desdobramento do anterior. Como o indivíduo se comporta e como ele se insere no contexto mais amplo são as principais preocupações dessa parte.

(1.4)
HISTÓRIA COMO CIÊNCIA

Muito se discute se a história é ciência ou não, ou até que ponto a história pode ser considerada ciência. Bem, de acordo com Rüsen (2001) e Bloch (2001), essa questão deve sempre estar posta. De acordo com Bloch (2001), cabe ao historiador se questionar a todo o tempo se o que ele está fazendo é ou não ciência. Esse cuidado faz com que esteja sempre atento. O autor alega que a questão da ciência está posta naquilo que ele intitula *razão histórica*. A própria noção da *cientificidade* quer simplesmente saber se a história tem um sentido que possibilita um conhecimento e um aprofundamento. E todos os pensamentos que envolvem a história estão motivados por essa questão.

A ciência da história é um produto racional, constituído metodologicamente acerca do tratamento da história. Por outro lado, a reflexão humana cotidiana acerca da história tem como objetivo fornecer um conhecimento histórico que qualquer pessoa pode situar no processo do tempo. Temos, claramente, uma disputa entre a academia e o conhecimento cotidiano.

> Podemos então dizer, a partir de Rüsen (2001), que o que sustenta a história como ciência é o fato de ela apresentar teoria e metodologias próprias. A teoria da história tem como objetivo analisar a base do pensamento histórico, mas fazendo-o em uma versão científica, sem a qual não passaria de um agrupamento de pressupostos e fundamentos implícitos – ou, pior ainda, não passaria de lugar-comum e achismo.

Independentemente da definição utilizada para a palavra *ciência*, é importante esclarecer que o pensamento científico é sempre muito bem fundamentado e que o conhecimento científico, sempre que possível, busca maximizar a utilização da racionalidade e da sensibilidade para apreender o seu objeto. Viegas (2007) afirma que o conhecimento ou a forma científica de pensar parte da existência e da verificação para uma sistematização, além de procurar constantes relações entre os fenômenos, suas leis e suas causas. O mesmo autor nos lembra que a ciência é um processo socialmente construído, intersubjetivo e em constante mutação. Ora, essas definições não se aplicam facilmente à ciência da história?

Um dos requisitos de qualquer ciência é a de que os cientistas exponham seus pensamentos e suas teorias; uma proposição só é aceita como válida a partir do momento em que boa parte dos pares concordam entre si. A história, então, não pode se furtar a prestar contas de seus pensamentos à comunidade. É justamente nas prestações de contas e na exposição de pesquisas (em forma de livros, apresentações em congressos, artigos em revistas etc.) que a história ganha ainda mais vida, haja vista a quantidade de leitores que, com base na pesquisa de um indivíduo, desenvolvem sua própria pesquisa. Pense em um trabalho acadêmico. Boa parte dele é uma coleta de trabalhos de outros pesquisadores.

Como ciência, a história é mais interessante e, sob diversos pontos de vista, melhor quando o juízo de valor é deixado de lado. Bloch (2001) utiliza o termo *compreender* – ou seja, para ser uma ciência, os cientistas devem deixar de emitir valores (ainda que isso seja extremamente difícil, visto que cada pesquisador é fruto de seu tempo e de seu lugar) e procurar entender o outro no tempo e no espaço daquele outro. Ao utilizar esse tipo de abordagem, somada às noções metodológicas inerentes à história e ao uso de suas fontes, estamos fazendo e refinando a ciência. Mesmo porque a história, como qualquer outra ciência, é mais bem compreendida quando há mais de um exemplo similar. Um fato humano é mais bem entendido quando há outros fatos documentados do mesmo tipo ou gênero.

A história, então, é, sim, uma ciência. Ainda que por vezes fugidia, maleável e inconstante, a busca dos pesquisadores em seguir um método, uma forma comum de conseguir dados, analisá-los e, posteriormente, divulgá-los, confere a ela a condição de ciência e, mais do que apenas uma ciência, talvez a mais importante delas, pois todas as demais ciências têm sua história e, sem ela, o progresso humano e o próprio entendimento do homem como ser vivo estariam comprometidos, uma vez que a história promove nos indivíduos um senso de pertencimento e localização no planeta. Sem a pesquisa histórica, nosso entendimento acerca de nós mesmos seria nulo; seríamos pouco mais do que macacos mais evoluídos.

(1.5)
Visão geral da pesquisa histórica

A pesquisa histórica é o que difere o historiador do contador de histórias. É o que difere um futuro historiador de um jornalista ou de um cronista. Esses profissionais são ótimos narradores e têm naturalmente sua valia e sua *expertise*; porém, não são historiadores. E não o são porque não desejaram gastar tempo nos bancos escolares aprendendo o ofício de historiador e sua forma peculiar de pesquisar.

A pesquisa histórica é um processo cognitivo que, como lembra Rüsen (2010), cataloga, adquire e aprende dados e informações a respeito do passado para que eles possam ser estudados e compreendidos com o intuito de confirmar ou rechaçar determinada perspectiva acerca do que se passou. Um historiador tem uma ideia, oriunda de sua própria formação ou de sua comunidade, ou mesmo de alguma outra esfera na qual ele se identifique. A pesquisa vai determinar se aquela ideia inicial era válida ou não e, mais ainda, descobrir o quanto daquela ideia era válida e os motivos pelos quais há uma invalidade ou uma correta percepção do historiador ou mesmo do senso comum. Não basta dizer "no passado era assim". É necessário buscar, escavar, dialogar com o passado. É preciso trazer o passado para o presente e fazer as perguntas corretas, para que se consiga as melhores respostas possíveis. A pesquisa é o processo pelo qual se obtém, a partir do uso das **fontes**, um conhecimento histórico controlável. Naturalmente, a matéria-prima utilizada são as fontes, de que falaremos mais detalhadamente ao longo deste livro. São as fontes, os vestígios, as principais manifestações do passado que encontramos no presente e que revelam ao historiador novas facetas e novas perspectivas para contar o que já ocorreu.

Não nos enganemos, porém: as fontes precisam ser lidas, analisadas, questionadas. E quem faz isso é um historiador, ou seja, um ser humano falível, incerto e incompleto; e, mais do que isso, uma criatura que não é e nem pretende ser neutra. Nenhum estudo (nem historiográfico nem de nenhuma outra ciência) pode ser caracterizado como *neutro* ou *completo*. Lembremos de que há poucas centenas de anos o Sol girava em torno da Terra, e isso era a verdade científica. O pesquisador analisa as fontes sob sua ótica própria. Assim, não basta apenas prestar atenção nas fontes utilizadas pela pesquisa; é preciso também prestar atenção no pesquisador, quais suas intenções, qual seu contexto, seu repertório e sua formação.

A forma como a pesquisa é constituída, o fluxo das informações obtidas por ela e também a própria produção do saber derivado dela são definidos pelas perspectivas determinantes da atribuição de sentido, como defende Rüsen (2010), com as quais o pesquisador vai às fontes. Em outras palavras, perguntas e questionamentos formulados na gênese da pesquisa são predefinidos antes mesmo de ela começar.

Afinal, como lembra Bloch (2001), não há pesquisa sem uma **boa pergunta**, sem um bom questionamento às fontes. A pesquisa recebe as informações das fontes à luz de teorias elaboradas previamente pelo pesquisador e com elas faz novos relatos para tentar responder empiricamente a perguntas históricas. De certa forma, a pesquisa tenta aglutinar o que é empírico e o que é teórico em uma história concreta, uma narrativa que possa ser lida, compreendida e utilizada por outrem. Ademais, não podemos nos esquecer de que o mero ato de apreender as informações a partir de uma teoria não faz uma boa pesquisa.

> É necessária a conformação historiográfica dos resultados da pesquisa, porque é no confronto com as demais pesquisas da mesma área ou correlatas que se pode saber se a pesquisa foi válida do ponto de vista do saber histórico e se ela pode ou não ser integrada a ele.

Ainda que a pesquisa tenha a melhor das intenções e tenha sido bem elaborada, mesmo assim ela pode estar errada, ou pode partir de uma premissa inválida, ou, até mesmo, ser redefinida a partir de uma pesquisa mais recente ou de um dado ou fonte até então encobertos pelas areias do tempo. Mas não é por isso que devemos esmorecer. Afinal, toda pesquisa, mesmo aquelas que não comprovam bases empíricas ou não respondem a anseios, é de grande valia. Tal qual uma grande jornada, não é o destino que deveria mover o historiador, mas sim a caminhada, a descoberta de cada passo, de cada nova paisagem.

O próprio Rüsen (2010) nos avisa que nunca se pode afirmar exatamente quando começa e quando termina o processo de pesquisa. Tanto a reflexão anterior, que ajuda a definir o objeto da pesquisa, quanto a reflexão posterior, as conclusões depois do trabalho estar concluído, são partes integrantes da pesquisa, uma vez que essas diversas operações do pensamento histórico estão intimamente ligadas. Mesmo assim, é preciso delimitar o campo das operações do conhecimento histórico, ainda que sem perder a fluidez do próprio processo científico, ou seja, os pequenos desvios e, por vezes, as grandes mudanças de rumo que o historiador deve tomar ao se deparar com novas perguntas e novos paradigmas.

De qualquer forma, ainda apoiados em Rüsen (2010), podemos dizer que as informações são elaboradas e ponderadas em relação direta com o testemunho empírico do passado. As perguntas *o que?*, *quando?*, *onde?*, *como?* e *por que?* estão sempre na raiz das pesquisas e na solução dos problemas enfrentados pelos historiadores. Como o historiador está sempre conversando com as fontes, elas normalmente fornecem novas informações, o que retroalimenta a pesquisa. **Para cada resposta, novas perguntas se abrem.** Mesmo o mais claro e complacente dos documentos não fala senão quando se sabe interrogá-lo. E as perguntas suscitadas pelos documentos devem ser encaradas como uma vitória pelo historiador, e não como mais um obstáculo. A história, nas palavras de Bloch (2001), é uma **estrutura em progresso**.

Mas também há de se ter calma em relação a um possível conhecimento humano infinito por parte da pesquisa ou da história, pois sempre há limites e um objetivo que deve ser cumprido. Uma pesquisa que apenas dialoga com as fontes, mas não se encerra, ou seja, "nunca acaba", é contraproducente. É possível realizar diversas pesquisas sobre o mesmo tema ou a mesma fonte, mas são as perspectivas teóricas sobre o passado que decidem o tipo da informação que a fonte poderá dar e também a qualidade da resposta. Deixar a fonte "respirar", deixar o tempo transcorrer entre uma pesquisa e outra sempre é de bom tom, até mesmo para providenciar oxigenação – tanto das fontes quanto do pesquisador.

Novamente nos apoiando em Rüsen (2010) e em Bloch (2001), podemos afirmar que existem diversos meios e ferramentas para conversar com o passado. Muitas dessas ferramentas serão demonstradas ao longo deste livro; mas, antes que elas estejam postas, é importante salientar que o historiador que optar por apenas um método, apenas um procedimento metodológico, é um historiador menor, uma vez que terá dificuldade em aprender com a sua fonte. **Mantidos como critérios fundadores a objetividade e a ética, o uso de múltiplos instrumentos, mais do que útil, é indispensável.**

E é justamente o caráter de objetividade que garante a posição da história como ciência. Como destacamos, muito foi discutido se essa área do conhecimento é mesmo uma ciência. Podemos dizer, apoiados em Koselleck (2006), que a história como ciência não tem um objeto de estudo que seja somente seu – como têm as células para a biologia ou a linguagem hexadecimal para a computação. A história tem de dividir seu objeto de estudo com quase todas as demais ciências humanas, senão com todas. A história como ciência distingue-se apenas por sua metodologia e suas normas.

Para a história poder assumir um caráter científico, deve utilizar métodos. Além disso, do ponto de vista formal, deve investigar sempre em parceria com o conhecimento histórico em perspectiva, pois essa posição coloca as regras do procedimento de pesquisa. Se a pesquisa for objetiva, não importa muito a perspectiva utilizada, mesmo porque a pluralidade melhora o saber histórico.

> Quanto mais perspectivas, melhor a pesquisa. Quanto mais pontos de vista e disputas dialéticas, melhor a qualidade do texto e da pesquisa.

Uma vez que as perspectivas partem sempre do cotidiano do pesquisador ou daquilo que ele enxerga ao seu redor, as perguntas formuladas às fontes empíricas serão sempre uma tentativa de compreender o contexto passado para entender o contexto presente. Rüsen (2010) afirma que de uma conjectura questionadora surge um saber empírico material de melhor qualidade; ou seja, quanto mais questionadora for a pergunta, melhor a resposta da fonte. Quando se aumenta a qualidade da pergunta, quase que naturalmente a qualidade das respostas (e dos novos questionamentos surgidos a partir das respostas) é melhor. Como diz Bloch (2001, p. 27), os documentos e os testemunhos "só falam quando sabemos interrogá-los". Além disso, como mencionamos anteriormente, cabe ao historiador, desde seus primeiros passos, definir a direção da investigação que será perpetrada.

O grande esforço de qualquer pesquisa é **caminhar em direção ao desconhecido**. Fazer uma pesquisa sobre um assunto bem conhecido é interessante, mas muito mais interessante é descobrir nuances de aspectos desconhecidos desse assunto conhecido, ou, mais interessante ainda, buscar novos campos, novas áreas e novos assuntos. Investigar coisas e abordagens nunca antes estudadas, enxergar novos documentos, trazê-los para a luz do cotidiano, penetrar nas entranhas das fontes e dialogar com elas; fazer com que elas joguem ao mundo novos olhares e novos sentidos.

Não devemos nos esquecer, também, do **destinatário da pesquisa**. De nada adianta um belo texto sem ninguém para lê-lo. A identidade potencial dos destinatários – ou aquilo que Umberto Eco (2013) chama de *leitor modelo* – deve sempre estar presente na mente do historiador. Devemos nos recordar que o leitor referido por Eco (2013) não é um leitor passivo. Pelo contrário, é o leitor produtor de significados, o leitor que ajuda o escritor (ou o atrapalha), uma vez que coproduz cada trecho da obra que lê. O leitor que o historiador deve ter em mente não é mais um simples receptor passivo das informações dadas como certas pelo autor do texto, mas aquele dialoga com o texto, concorda em certos pontos, discorda em outros; e, acima de tudo, está aberto a novas experimentações, a novas ideias e, atualmente, aberto em relação às novas tecnologias, aos mecanismos de busca *on-line*, que possibilitam a conferência do que foi dito e também aumentam o cabedal de informações fornecidos pelo texto.

Assim, ao fazer a pesquisa, é sempre interessante (ainda que não seja efetivamente algo de relevância absoluta) saber qual será o leitor final. Pouco adianta pesquisar sobre algo extremamente específico para um público do ensino médio, por exemplo, ou pesquisar algo generalista demais para conversar com seus pares na academia. Novamente lembrando Bloch (2001), o ideal mesmo seria uma pesquisa que conseguisse agradar tanto aos seus colegas historiadores quanto aos estudantes do ensino médio ou mesmo do fundamental.

Também é preciso descrever bem o **método histórico**, haja vista que os leitores querem saber mais do que os resultados da pesquisa – querem saber como ela foi feita. Segundo Bloch (2001), a metodologia dá ainda mais graça para a história, ou para o estudo da história. Para ele, todo livro de história deveria ter um capítulo ou senão diversos momentos em que o pesquisador deveria informar ao seu leitor como chegou àquelas conclusões, quais foram seus métodos e os percalços dessa caminhada – ideia compartilhada pelos praticantes da micro-história, que também valorizam tal procedimento. A descrição da metodologia é tão importante que, na atualidade, praticamente todos os programas de mestrado e doutorado em história no mundo exigem de seus alunos-pesquisadores um capítulo ou pelo menos uma menção de como o trabalho foi realizado e qual a metodologia pertinente.

A metodologia e a organização permitem trabalhar e analisar as informações para que as duas faces da mesma moeda histórica – a empírica e a teórica – tenham equilíbrio dentro do trabalho realizado.

Ambas se mediam, de acordo com Rüsen (2010), pela pesquisa regulada. Como *pesquisa regulada* entende-se que a metodologia deve ser tratada como um processo uniforme do conhecimento histórico. Ainda de acordo com o teórico alemão, podemos dizer que o conhecimento histórico é definido como processo; afinal, como dissemos, a história pode ser também entendida como o questionamento das fontes ou, em uma analogia, como uma entrevista com os habitantes do passado por meio dos vestígios que eles deixaram. Nesse bate-papo, com perguntas e respostas às fontes, temos um procedimento regulado, que, inclusive, ajuda a conferir um caráter de ciência à história. Três são as fases principais desse procedimento, tanto de acordo com Rüsen (2010) quanto com Bloch (2001): 1) formulação da pergunta histórica; 2) crítica às fontes; e 3) interpretação. Vamos apresentá-las de uma forma mais completa a partir de agora.

1.5.1 Etapas da pesquisa histórica

A **Formulação da pergunta histórica** é o momento em que o estudante ou pesquisador se depara com uma lacuna a ser preenchida. Todas as carências de orientação no tempo são enunciados de perguntas históricas. Em seguida, na segunda fase, o pesquisador deve **remeter as perguntas às fontes** e, por meio de diálogo, tentar obter o máximo de respostas possíveis para seus questionamentos. A terceira e última fase consiste em efetivamente **responder**, por meio de um texto, às questões que foram recebidas quando da análise das fontes. Nesse momento, deve haver uma resposta às perguntas históricas.

A heurística

O primeiro passo metodológico que o pesquisador deve dar é a heurística. A definição de Rüsen (2010, p. 118) para *heurística* é: "A operação metódica da pesquisa, que relaciona questões históricas, intersubjetivas controláveis, a testemunhos empíricos do passado, que reúne, examina e classifica as informações das fontes relevantes para responder às questões, e que avalia o conteúdo informativo das fontes." Trata-se da identificação mais precisa da fonte, momento em que o pesquisador se esforça e se debruça sobre os materiais empíricos que detém (ainda que em uma forma "menos pura", como microfilmes ou réplicas exatas) para analisar detalhadamente cada um deles, verificar origem, datação, formato, gênero e tantas coisas mais quantas podem existir em relação a uma fonte. Além disso, é necessário catalogar cada um desses materiais. **Uma boa pesquisa histórica é demorada.** Não se pode fazer uma boa pesquisa documental em apenas um ou dois meses. Assim, fica claro que a etapa de **catalogação e fichamento** é, mais do que útil, extremamente necessária. Um bom fichamento de fontes diminui consideravelmente o trabalho do pesquisador. A visão mais aterrorizante para um bom pesquisador é saber que existe um tempo limite para a conclusão do trabalho e perceber que as fontes ainda não estão catalogadas, que estão "jogadas no chão", espalhadas. Em um trabalho que envolva dois, três anos de pesquisa, não se pode confiar na memória para saber onde está cada informação relativa a cada uma das fontes.

Outra parte extremamente relevante é a **classificação das fontes**. Ora, é fácil presumir que existem fontes imprescindíveis para a pesquisa escolhida – enquanto outras são úteis, outras ainda são periféricas e há, inclusive, aquelas que serão descartadas ao longo do processo, simplesmente por conterem dados repetidos ou porque não apresentam uma singularidade que as faça necessárias. Uma boa classificação é, então, essencial para o bom andamento da pesquisa histórica. Mas como saber se determinada fonte é boa ou não para a pesquisa? Basta lançar a ela algumas perguntas que o historiador deseja que ela responda. Se a resposta for um vazio, a fonte não está adequada, o que não quer dizer – de forma alguma – que ela é inválida.

> As fontes respondem a questionamentos e, talvez, a mesma fonte rejeitada por uma pergunta pode ser a resposta perfeita para outra.

Não nos esqueçamos também do motivo pelo qual a avaliação heurística é tão importante: extrair o máximo de asserções do conteúdo informativo das fontes; e, claro, poupar nosso tempo futuro. A reunião das fontes é uma das peças fundamentais da profissão de historiador. O tempo "gasto" com ela é, com toda certeza, o tempo "economizado" mais adiante, quando o historiador for efetivamente realizar sua pesquisa.

É necessário também tornar as perguntas históricas heuristicamente produtivas, ou seja, olhar para novas áreas de experiências do passado, superar limitações em relação aos campos já apreendidos e tentar perceber quais as dificuldades atuais do seu contexto, percebendo o estranho e o inquietante da conjuntura histórica vivida pelo pesquisador. Isso, naturalmente, sem esquecer todo o conhecimento acumulado e todas as tradições historiográficas deste ou daquele contexto. Isso posto, podemos afirmar que uma pesquisa histórica é relevante quando sua pergunta pode ser trabalhada de forma crítica com base em todas as fontes acumuladas nesse processo e, além disso, quando possa responder a questionamentos nunca antes respondidos, tornando a pesquisa inédita, peculiar e, principalmente, útil para a comunidade e para os demais pesquisadores vindouros.

Ao iniciarmos uma pesquisa, com a coleta das fontes na fase de heurística, é sempre bom lembrar, segundo Bloch (2001), que existe uma miríade de disciplinas auxiliares que ajudam sobremaneira na catalogação e na preparação dos materiais para as fases restantes da pesquisa histórica. A limpeza das fontes, caso estejam sujas, e a restauração de algumas fontes, caso seu estágio esteja além do meramente sujo, são algumas das preparações necessárias que se juntam à adoção e à utilização de outro(s) idioma(s), caso a pesquisa remeta a locais cuja língua não é a falada em sua terra; à transcrição para o caso de "decifrar" documentos com a escrita muito antiga; e ao conhecimento informático, como programas de bancos de dados (a exemplo do MySQL) e o aplicativo Excel®, da empresa norte-americana Microsoft®, para uma melhor catalogação e consulta. Também é interessante ao pesquisador conhecer cada dia mais ferramentas auxiliares para o processo da pesquisa. Pode-se afirmar que quase diariamente alguma nova ferramenta de informática está disponível para as mais diversas funções. Cabe ao pesquisador se atualizar e ficar sempre atento às novidades que possam facilitar a catalogação e ajudar na pesquisa.

A crítica

A crítica às fontes é, para Rüsen (2010, p. 123), "A operação metódica que extrai, intersubjetivamente e controlavelmente, informações das manifestações do passado humano acerca do que foi o caso. O conteúdo dessas informações são *fatos* ou *dados*: foi o caso em determinado lugar e em determinado tempo (ou não)" (grifo do original). O que o pensador alemão quer dizer é que cabe ao historiador averiguar as fontes e usar sua capacidade analítica para tirar delas a maior quantidade de informações acerca de seu passado e do passado de seu entorno, sempre lembrando que o passado de hoje é diferente do passado de ontem, pois o pesquisador deve extrair o passado intersubjetivamente.

Cabe aqui um grande parêntese: o que é *intersubjetividade*? Para essa definição, primeiro devemos ter em mente a definição de subjetividade. Essa definição, derivada do cartesianismo, estabelece a relação entre sujeito e objeto, e com ela podemos perceber o movimento interno da razão, ou seja, do pensamento humano. Nesse caso, a subjetividade é o pensamento humano único, singular, de um ou outro indivíduo. A intersubjetividade é outra forma de ver a maneira pela qual os pensamentos emergem. Pelo conceito de intersubjetividade, o sentido pleno da experiência humana só pode ser completado por meio da relação comunicacional entre os homens, ou, melhor dizendo, da relação interpessoal dos indivíduos. Assim, diversos pensadores entendem a intersubjetividade como uma espécie de evolução da subjetividade no que tange a conceituar o mundo e a experienciar o cotidiano imposto por esta ou aquela realidade.

Quando falamos em extrair intersubjetivamente as informações do passado, estamos dizendo que não é mais aceitável conhecer apenas o olhar de um homem, de um indivíduo. É necessário chegar à sociedade da forma mais abrangente possível, de diversas formas, inclusive por meio de informações e interpretações de autores e mediante testemunhos com diferentes pontos de vista que são socialmente determinados e podem – e devem – ser confrontados. Os pensamentos de um homem ou de uma mulher são interessantes, sem dúvida; porém, apenas pela compreensão da comunidade podemos tentar enxergar melhor o que de fato estava acontecendo naquele local, espaço temporalmente determinado.

Além disso, é importantíssimo, no momento da análise, que o **ambiente** seja controlado. Naturalmente, não se trata de um ambiente controlado como no laboratório de biologia de Pasteur que Latour (1983) descreve, mas sim uma forma de colocar limites, cercas, para que o pensamento e as pesquisas não fujam. Do contrário, as ideias vão se avolumando e torna-se praticamente impossível fechar a pesquisa. Além disso, é necessário controlar o que deve e o que não deve ser analisado. Por exemplo: ao estudar a política brasileira da

Era Vargas, não é possível – ao mesmo tempo e na mesma pesquisa – estudar a música popular norte-americana naquele período. A menos que seu trabalho seja especificamente sobre a junção de ambos os temas (o que é bem possível), muitas vezes o melhor a se fazer é delimitar bem o tempo e o espaço em que se vai trabalhar, evitando, assim, um gasto dispendioso de tempo e esforço.

Os fatos ou os dados analisados estão sempre ligados pela condição espaço-tempo, ou seja, sempre aconteceram em algum lugar e em algum momento. Ao criticarmos as fontes, é importante definir muito bem qual é esse lugar (ou lugares) e esse tempo (ou tempos).

Mas não nos esqueçamos também dos ribombantes vazios, ou seja, aquelas ausências de elementos que deveriam estar ali, mas que, por algum motivo, não estão. Novamente um exemplo: um pesquisador está estudando um documento sobre o regime militar brasileiro. O documento está com a data correta (digamos, maio de 1969), relata acontecimentos que efetivamente ocorreram naquele período ou perto dele, mas falta a menção aos torturados e mortos pelo regime em sua fase mais dura. Essa ausência de fatos quer dizer alguma coisa. Então, essa análise parte não dos dados, mas sim da **ausência** deles.

A crítica às fontes fornece à pesquisa um chão seguro, um piso firme onde se fixar. O chão firme é a facticidade do conhecimento histórico, ou seja, a existência – ainda que imprecisa – do fato histórico. E com base na etapa anterior – a heurística – podemos ter a certeza da existência do fato. A crítica é, talvez, o principal ponto da objetividade histórica. Sem a crítica às fontes, a história pode facilmente ser tachada de "achismo". A metodologia empregada na análise criteriosa das fontes é o que garante empírica e intersubjetivamente a pesquisa como produto científico.

Ao passar as fontes pelo crivo da crítica, há a depuração das manifestações empíricas do passado, ou seja, separa-se o joio do trigo, afastam-se as dissimulações contidas nos textos (como os oficiais, por exemplo, que, em geral, têm um cunho político muito forte e manifestadamente escondem dados e aumentam outros, de acordo com as posições e os interesses do governo em questão), bem como as distorções que podem ocorrer e normalmente acabam por tornar mais difícil o trabalho de enxergar o passado. Além disso, como sabiamente diz Bloch (2001), as palavras das testemunhas não são dignas de crédito apenas por terem estado lá e sido testemunhas oculares. Não há por que aceitar os testemunhos históricos apenas por eles existirem. E não estamos dizendo que haja uma tentativa deliberada de ludibriar o futuro historiador. O que acontece é que muitas vezes as pessoas se enganam, esquecem dados importantes ou simplesmente ignoram determinadas coisas que podem ser muito importantes para a pesquisa.

Outro ponto importante é a crítica a respeito da autenticidade, que também deve estar sempre no horizonte do pesquisador. Nem todos os relatos são verídicos e até os vestígios materiais podem ser falsificados. Pegando o exemplo apresentado por Bloch (2001), na Idade Média havia uma profusão enorme de falsificações (venda de indulgências, pedaços da cruz de Cristo vendidos na proporção de uma floresta); por conta disso, a dúvida sempre foi – e deve continuar sendo – um reflexo natural do bom historiador diante de sua fonte.

Claro que, como continua pontuando o historiador francês, apenas desconfiar também não traz muito benefício para a pesquisa, pois, ao desconfiar de tudo e de todos, também dificulta-se a progressão da pesquisa. Bloch (2001) então nos diz que, quanto mais regras objetivas, melhor será a triagem das fontes; e que tais regras devem continuar a ser implementadas para cada novo aparato técnico ou nova técnica aprendida ou modificada.

O interessante das fontes é que seu perfil histórico só é feito posteriormente, isto é, apenas quando um historiador decide que aquele material é uma fonte. Pensemos em uma fotografia. Quando ela foi tirada, não tinha como finalidade ser utilizada para compreender determinado período histórico; provavelmente seu único intuito era relembrar uma festa ou um encontro entre pessoas. Peter Burke (2008) nos conta que a imagem como vestígio é mais importante quando olhada para seu entorno, ou seja, longe do motivo principal. As cores, as vestimentas, as técnicas utilizadas pelo fotógrafo ou pelo pintor são tão ou mais importantes para decifrarmos o período histórico do que as pessoas ou as paisagens que estão nas pinturas ou nas fotos. Assim, por mais que não tenham sido feitos para tal, com a devida crítica, muitos elementos cotidianos podem ser convertidos em fontes.

Ancorados em Rüsen (2010), podemos dizer que, mesmo com o alicerce da crítica, ainda não existe uma pesquisa histórica. A dimensão e a constituição da história vêm com mais elementos. Mas é claro que a seleção das fontes é uma instância no mínimo indispensável para qualquer tipo de trabalho científico que envolva a história, uma vez que ela ajuda a determinar se esta ou aquela fonte é de fato válida ou não. Distinguindo entre o que é uma fonte correta e o que é uma fonte incorreta para determinada pesquisa, o caminho a ser percorrido pelo historiador torna-se mais cimentado, mais sólido. O historiador, segundo o autor supracitado, tem o direito de veto à informação da fonte. Seja porque ela lhe parece falsa, seja porque simplesmente não cabe na pesquisa por ele articulada, o fato é que cabe ao pesquisador carregar a arbitrariedade em relação às fontes que serão ou não estudadas.

Devemos lembrar das ciências auxiliares específicas para ajudar o pesquisador em relação às fontes e à sua crítica. Uma das mais importantes ciências auxiliares é a datação. Algumas peças escritas, sobretudo quando muito antigas, não contêm data. Como saber se determinado texto é do fim do século X ou do início do século XII, por exemplo? Saber de antemão qual a data dos documentos é essencial para definir se eles cabem ou não na pesquisa. Além disso, em muitos casos, como lembra Bloch (2001), os documentos são simplesmente alterados, falsos. Especialistas também devem ser consultados para determinar se aquela fonte é um artigo genuíno ou não. O historiador francês nos lembra que praticamente todo texto com assinatura falsificada teve também seu conteúdo adulterado. Em outros casos, porém, a peça falsificada está repondo o conteúdo original que, de alguma forma, foi perdido. Ou, ainda, como vemos muito atualmente, grandes figuras políticas contratam pessoas – secretárias ou similares – para assinar por eles uma grande quantidade de documentos. Nesse caso, a assinatura falsa não indica um documento falso.

De qualquer forma, a crítica às fontes é o procedimento intermediário, pois ainda falta a terceira parte, que é a interpretação.

A interpretação

Para Rüsen (2010, p. 127), *interpretação*

> *é a operação metódica que articula, de modo intersubjetivamente controlável, as informações garantidas pela crítica das fontes em histórias. Ela os insere no contexto narrativo em que os fatos do passado aparecem e podem ser compreendidos como história. Como ela transforma fatos em história(s), deve ser considerada como a operação de pesquisa própria, especificamente histórica.*

Novamente Rüsen (2010) usa o termo *intersubjetivamente*, uma vez que, como vimos, ele designa mais do que a visão de um homem, e sim uma tentativa de visão mais coletiva. Também refere-se à segunda etapa, a crítica; ou seja, não se pode interpretar com base em fontes não criticadas, ou sem crivo do historiador. A interpretação, para o autor, insere as fontes dentro de um contexto maior, que é a narração. Apenas com a narrativa é que podemos compreender o que foi feito no passado. Fatos desconexos existentes entre um documento e outro, entre uma fonte e outra, ganham conexão justamente com a interpretação.

Juntando as outras duas fases dispostas anteriormente com a interpretação, deve existir a síntese das perspectivas, que já foram elencadas heuristicamente, sendo, de certa forma, escolhidas com base na análise crítica das fontes. Assim, as fontes recolhidas e criticadas pelo pesquisador juntam-se a outras fontes historiográficas, a outros textos de outros autores, forjando um conjunto temporal plausível, o que possibilita chegar à historiografia daquele período.

Com essa manobra, os demais trabalhos de outros autores acabam por aumentar o que está sendo feito, da mesma forma que o que está sendo feito também aumenta o trabalho dos demais, em um processo dialógico, segundo Bakhtin (2011). O modo como a pesquisa se reúne com o restante do conhecimento histórico do período de forma coerente é também um problema de **apresentação**, de acordo com Rüsen (2010), ainda que esse autor saliente que a apresentação em si – ou seja, o texto final – não faça parte da pesquisa propriamente dita. No entanto, devemos considerar que, sem a parte escrita, a pesquisa é inútil, haja vista que um livro só existe quando se dá a ler.

O autor alerta também que o excesso de questionamentos em relação aos demais textos e fontes existentes não necessariamente conduz a novos conhecimentos. O que ele acaba gerando é um direcionamento. Quanto mais o pesquisador lê sobre determinado assunto, mais delimitada fica sua pesquisa, tanto do ponto de vista do caminho a ser percorrido quanto do caminho que não deve ser percorrido na trilha do assunto estudado.

O rumo que o trabalho e a pesquisa tomarão dependem muito dos questionamentos e das curiosidades do pesquisador, além das perguntas formuladas à sociedade e às fontes recolhidas. Na base de cada pesquisa histórica há sempre uma ideia basilar, algo que fomenta não só a pesquisa, mas, de certa forma, também a paixão e a sede pelo conhecimento do historiador.

> As próprias informações oriundas das fontes só viram fatos históricos a partir do momento em que há uma interpretação.

Bloch (2001) chega a dizer que o trabalho efetivo da recomposição do passado só pode vir depois da interpretação, da análise das fontes por um historiador. Mais ainda, defende que a recomposição daquilo que ficou para trás é a própria razão de ser da interpretação e também da pesquisa histórica.

O trabalho de interpretação histórica é, principalmente, o de síntese. É por meio da interpretação que existe a mediação entre as representações abstratas, as estruturas dos processos históricos e as informações concretas – isso e ainda algumas informações empíricas, como as respostas para os questionamentos *o que, quando, onde* e *como*. A interpretação deve ter como base central a plausibilidade explicativa, ou seja, as informações das fontes devem ser ordenadas de tal forma que apresentem uma narrativa temporal que explique fatos e acontecimentos.

Mas toda análise, todo trabalho interpretativo, necessita, primeiramente, como ferramenta, de uma **linguagem apropriada**. Para Bloch (2001), os fatos precisam ser "desenhados" com precisão, e isso só pode ser feito com o uso correto da linguagem; é preciso entender sua flexibilidade. Na pesquisa histórica, existem nuances que Koselleck (2006) aponta de forma precisa. Os significados das palavras mudam com o tempo; como diz Chartier (1999), a língua é viva – ela se move e se molda muito mais rapidamente do que a sociedade é capaz de registrar. A palavra que hoje quer dizer uma coisa amanhã quer dizer outra e, muitas vezes, essa mudança não é anotada em lugar algum na comunidade. Há nuances nos significados de palavras de natureza política, legal, social ou econômica, de modo que, como informa Koselleck (2006), é uma temeridade deduzir os termos de forma única, como se a palavra só tivesse o significado primeiro atribuído a ela. Além de os termos mudarem com o tempo, em todas as línguas (portanto, em todos os documentos, de uma forma ou de outra), alguns deles têm diversos significados, tanto na posteridade, quando são lidos, quanto no momento em que são escritos ou falados. Vejamos o termo *armário*. Na Idade Média, quando foi cunhado, o termo se referia ao lugar específico para guardar armas. Por um processo de ampliação de significado, *armário* passou a significar qualquer tipo de móvel capaz de guardar qualquer tipo de coisas. Caberia ao historiador responsável por analisar textos coloquiais compreender essa mudança da língua; do contrário, poderia errar na interpretação. Um armário em uma cozinha na Idade Média definitivamente não significa a mesma coisa que um armário de cozinha atualmente.

E é justamente na análise da língua ou da linguagem que reside a maior força e a maior dificuldade da interpretação histórica. A investigação do campo semântico (ou seja, da utilização da palavra na linguagem) de cada conceito revela muito sobre a história e ajuda a compreender o que ocorreu em determinado tempo/espaço. Com a explicação do texto (ou seja, sua "tradução" para os dias atuais, com novas palavras e novas significações), as palavras e os termos ganham novos conceitos político-sociais. No campo linguístico, podemos perceber nuances e até mesmo fragmentos esquecidos da história. A interpretação do texto parece ser a principal saída para encontrar a voz do passado e transportá-lo para os dias atuais.

Bloch (2001) nos lembra que todo documento tenta impor seus termos, sua nomenclatura particular, e que cabe ao historiador escutar os termos passados e procurar, ainda que dialogando com eles e tentando entendê-los no próprio contexto, raciocinar com o pensamento – e as palavras – de hoje, de certa forma traduzindo o que foi dito em tempos remotos para o que pode ser entendido hoje e, talvez, em um futuro próximo. A história acaba por receber seu vocabulário na maior parte do tempo da sua própria matéria de estudo, haja vista que os homens não rotulam ou nomeiam as coisas para a posteridade, mas sim – normalmente – para um simples uso cotidiano. Isso posto, citamos Koselleck (2006), o qual assevera que é extremamente relevante saber quando os conceitos existentes no texto estudado passaram a ser utilizados daquela forma. Com isso, surge a ideia (um tanto frágil) de que deve haver uma "luta" por conceitos "adequados" em cada tempo ou em cada tipo de documento.

Rüsen (2010) defende que a partir da interpretação é que se pode disponibilizar à narrativa o fio condutor do conteúdo empírico, o que não somente é discutível, visto que a interpretação pode estar equivocada ou incompleta, mas também fundamental, pois os fatos do passado são interligados de forma inteligível por meio dela. Outro ponto importantíssimo e que revela a especificidade da história é o fato de que ela procura diferenças, ao contrário das ciências exatas, que procuram semelhanças. Exemplificando: a física, por exemplo, procura uma lei, uma fórmula, para que todos os problemas sejam resolvidos por meio dela. A forma de Movimento Retilíneo Uniforme é a mesma para todos os problemas envolvendo corpos que se movem em velocidade constante. Com a história verificamos o oposto: ela deseja saber as especificidades, as idiossincrasias, deseja saber quais as diferenças entre o governo de Figueiredo e o governo de Sarney, por exemplo. **A interpretação histórica quer ver sempre a singularidade das mudanças temporais.**

Também diferentemente das ciências ditas exatas, a história trabalha com um misto de teoria e empiria. Talvez os não acostumados com suas práticas pensem que ela lida apenas com a empiria, haja visto que seres humanos no passado fizeram isso ou aquilo. Porém, sem a teoria, sem a reflexão sistemática da ciência, não seria possível avançar, tampouco sistematizar conceitos e reflexões. Devemos entender que o próprio progresso da ciência deriva desse componente teórico.

Mas não é só isso. Sempre recordemos, em conjunto com os outros dois processos, das ciências auxiliares. Segundo Rüsen (2010), qualquer ciência humana com pretensão teórica pode vir a auxiliar a história para ajudar a interpretar as fontes. Sociologia, letras, linguística, arqueologia... todas elas são importantes para ajudar o historiador no trabalho de interpretação de suas fontes.

Síntese

Ao fim e ao cabo, o leitor até aqui percebeu que inúmeros autores se detiveram ao estudo da metodologia histórica, e muitos deles podem e devem ser mais bem estudados. Assim, neste capítulo, comentamos que, em certa medida, a história é a ciência do futuro, e não do passado, visto que, ao estudarmos o ontem, o fazemos com os olhos de hoje sempre apontados para o amanhã, além de que a história tem como uma de suas principais metas ajudar na construção do futuro. Vimos a abrangência da pesquisa histórica, que, graças a muitos esforços, hoje é entendida como qualquer estudo que procure o passado e tenha metodologia e questionamento histórico, independentemente de o fato ter ocorrido no século XI ou na semana passada. Mostramos a influência da consciência histórica, não apenas nos historiadores, mas também nas pessoas leigas no assunto. Nesse ponto, a matriz conceitual de Rüsen é muito sintética e importante para o entendimento global desse fenômeno.

Constatamos que a história se materializa em sua narrativa histórica, uma vez que o ato de interligar vestígios é uma das maiores atribuições do historiador. Vimos que o horizonte de expectativas e o espaço de experiência são equivalentes a tempo e espaço no que tange à compreensão e criação da narrativa e, também, que há um questionamento importante e reiterado: a história é uma ciência ou não? Quando? Como? Discutimos ainda o que é pesquisa histórica, como elaborar uma boa pergunta de pesquisa, seus limites e as ciências auxiliares, além de tratarmos brevemente sobre o uso das fontes, mas isso será discutido com mais profundidade no próximo capítulo.

Atividades de autoavaliação

1. A história tem como missão transferir do passado as questões que influenciam a sociedade no presente, mas essa afirmação está repleta de interrogações. Quais as principais interrogações para fazer uma pesquisa histórica?
    a) Qual pesquisador? Quais fontes? Quais metodologias? Qual formação didática?
    b) Qual a procedência da pesquisa? A quem ela se destina? Qual o capital necessário para sua realização?
    c) A qual passado? A qual sociedade? A qual presente? A qual futuro essa afirmação diz respeito?
    d) Qual a necessidade presente da pesquisa? Qual sua ligação com as grandes corporações?

2. De modo genérico, para que serve a consciência histórica proposta por Rüsen (2010)?
   a) Entender o ontem para compreender o hoje e melhorar o amanhã.
   b) Desenvolver melhores pesquisas na área de história.
   c) Capitalizar sobre conceitos e ideias históricas.
   d) Aumentar a quantidade de alunos nos cursos de História.

3. A disciplina de História pode ser vista como uma sequência de fatos ao mesmo tempo em que pode ser considerada a narrativa desses fatos. A história é o que ocorreu no passado, mas é também a forma como esse acontecimento foi narrado. Essa afirmação reflete o conceito de:
   a) Consciência histórica.
   b) Aprendizado multidisciplinar.
   c) Narrativa histórica.
   d) Cientificidade histórica.

4. De acordo com Rüsen (2010), por que podemos dizer que a história é uma ciência?
   a) Por apresentar teorias e metodologias próprias.
   b) Por ser ensinada nos colégios.
   c) Por ser vista pela sociedade como tal.
   d) Por ser "parente" das ciências sociais.

5. O que difere o historiador do "contador de histórias"?
   a) O fato do historiador estar no presente, e não no passado.
   b) A capacidade de o historiador tirar o floreio do texto.
   c) O texto do historiador ser mais rebuscado e, portanto, mais factível.
   d) A pesquisa histórica metodologicamente aceita.

Atividades de aprendizagem

Questões para reflexão

1. Olhe ao seu lado e reflita sobre sua vida. Como a consciência histórica está presente no seu dia a dia? Tente, em conjunto com seus colegas, lembrar das primeiras vezes em que vocês atentaram para a consciência histórica.

2. Debata em conjunto com os colegas a respeito da narrativa histórica. Afinal, os fatos são a história ou a história é a narração desses fatos?

Atividade aplicada: prática

Entreviste um parente próximo (pai, mãe, cônjuge) e peça para que ele se defina historicamente. Ao mesmo tempo, tente forçar um pouco a memória do entrevistado para que ele procure se lembrar o que estava fazendo quando os principais fatos no Brasil e no mundo se desenrolavam, e qual a percepção dele na época e atualmente sobre o mesmo assunto.

Capítulo 2
Fontes: o texto escrito

O historiador não existe sem suas fontes, que não são propriamente suas, mas sim do tempo, da humanidade. A questão é que o profissional da história vai tentar decifrar esses vestígios que o tempo deixou para nós. As fontes são o que os pesquisadores em história têm de mais caro, de mais importante e de mais interessante. Mas trabalhar com esse material não é exatamente uma tarefa fácil e, certamente, é preciso treinamento e um olhar diferenciado para esses pretéritos vestígios. Neste capítulo, apresentaremos diversas fontes e – mais do que isso – diversos tipos de documentos que o historiador atento pode usar para melhor moldar o que foi o passado. Além disso, veremos alguns cuidados que devem ser observados ao manusear essas fontes e, principalmente, os cuidados ao inquiri-las. Quais perguntas fazer e como interpretar tais respostas são alguns aspectos que estudaremos daqui em diante.

(2.1) O QUE É UMA FONTE?

A pergunta que abre este capítulo é, talvez, a mais complexa a ser respondida atualmente por um historiador. Isso porque, como é sabido, não existe história sem fonte. Sem um testemunho (ainda que fugaz) do passado, o que existe é mera narração, invencionice ou ficção. O historiador é – de certa forma – um refém das fontes. Sem elas, não há trabalho, como indicou Bloch (2001). O documento é a base para o julgamento dos historiadores. Karnal e Tatsch (2013) vão ainda mais além ao dizer que, se todos os documentos de determinada civilização forem destruídos, se todos os seus vestígios arqueológicos tiverem desaparecido e se nada puder ser encontrado, essa civilização é inexistente, ou seja, nunca existiu para o historiador. A história, como ciência, carece de fontes documentais tanto quanto a literatura precisa de um papel em branco e de uma caneta, ou seja, a fonte é um ponto de partida, a tábula rasa sem a qual não há nada. Discutir e estabelecer o que é um documento histórico determina *ipso facto* o que deve ser preservado pela memória de um povo. Se deixamos, por exemplo, que nossas casas centenárias sejam demolidas para a construção de novos edifícios, estamos atestando que aquelas casas (ou mesmo a arquitetura como um todo) não são importantes para a memória de nosso povo. Se nossos jornais são jogados no lixo por todas as pessoas do país, isso indica que eles não constituirão documento histórico daqui dois ou três séculos. A preservação da memória hoje indica o que deixaremos para a posteridade amanhã e também o que enxergamos como relevante em nossa cultura.

Durante muito tempo, a percepção mais difundida sobre o que é um documento histórico consistia em uma folha de papel – ou várias folhas – mas sempre escritas ou assinadas por alguém importante, como salienta Bloch (2001). O interessante é notar como essa percepção estava enraizada na própria cultura não só do historiador, mas também da população em geral. Quando nos atentamos a isso, percebemos o quão fugidia é essa noção. Karnal e Tatsch (2013) trazem o conhecido caso da carta de Pero Vaz de Caminha, que relata o "descobrimento" do Brasil. Essa carta é um dos mais importantes documentos do Brasil; na comemoração dos 500 anos do país, foi exposta com pompa e circunstância, alçada a um de nossos principais documentos. Bem, o que hoje chamamos de "documento histórico" e talvez até mesmo de documento primordial do país, durante muitos anos foi simplesmente ignorado, tanto pelos portugueses quanto pelos brasileiros. A carta endereçada ao rei de Portugal ficou na Torre do Tombo, em Lisboa, por 200 anos, sem que ninguém lhe endereçasse nenhum tipo de interesse específico. Apenas em 1773 esse documento foi copiado, e só em 1817 seria publicado pela primeira vez no texto do padre Manoel Aires de Casal, *Corografia Brasílica ou Relação Histórico-geográfica do Reino do Brazil*. A partir daí, e durante principalmente o século XX, várias vezes o documento foi copiado, citado e referenciado, até chegar na vitrine da exposição dos 500 anos do país.

Essa breve história de um documento ilustra sua trajetória, ao mesmo tempo em que mostra a relação entre a sociedade e o que ela considera como histórico. Aquilo que hoje em dia é incontestavelmente uma peça insubstituível de nosso passado já foi algo simplesmente ignorado, que não fazia falta alguma nem nos livros didáticos nem como prova do nascimento do Brasil – ou seja, a carta de Caminha cresceu ao longo dos anos. O que era algo aleatório passou a ser uma curiosidade e o que era curioso passou a ser primordial. Assim, podemos dizer que **todo documento histórico é uma construção permanente**. O documento não é um documento em si, mas um diálogo entre o passado, o presente e o futuro, pois, como dissemos, a história é a ciência que enxerga o ontem com vistas no amanhã.

A construção do passado por meio dos vestígios também deve levar em conta o observador, ou seja, os agentes que fazem a leitura. Para um brasileiro, esse documento é muito importante, pois resgata seu passado. Para um português, talvez seja ainda mais importante, haja vista seu breve passado como conquistador de terras e "dono do mundo" em conjunto com os espanhóis. Para um índio brasileiro, pode ser o monumento da raiva e da intolerância, visto que eles estavam aqui antes e foram dizimados. Para um sueco, ou um congolês, provavelmente não signifique nada além de uma curiosidade efêmera. Aqui, podemos levar em conta os ensinamentos da semiótica. Segundo Santaella (2003), com base em Peirce, a semiótica mostra que, na leitura de qualquer signo, temos o interpretante, ou seja, aquele que decodifica as informações emitidas e promove uma leitura individual, única, da coisa vista. Assim, a pessoa ou o grupo que toma contato com um documento histórico o toma de uma forma específica, com certo juízo de valor. Com isso, podemos inferir que a minha leitura individual é diferente da sua, que é diferente da do seu colega de classe, que, por sua vez, é diferente da leitura de um árabe ou de um argentino.

Outra questão importantíssima é a possibilidade de inúmeras leituras distintas de um mesmo documento. As leituras podem ser as mais variadas possíveis, e o foco dado para este ou aquele pedaço do documento também varia de pessoa para pessoa, de pesquisador para pesquisador. Voltemos à carta de Caminha. Ela pode ser vista em relação ao deslumbre do português quanto à fauna alada, com as cores e as espécies de papagaios e outras aves, como podemos verificar no trecho a seguir:

> *Enquanto andávamos nessa mata a cortar lenha, atravessavam alguns papagaios essas árvores; verdes uns, e pardos, outros, grandes e pequenos, de sorte que me parece que haverá muitos nesta terra. Todavia os que vi não seriam mais que nove ou dez, quando muito. Outras aves não vimos então, a não ser algumas pombas-seixeiras, e pareceram-me maiores bastante do que as de Portugal. Vários diziam que viram rolas, mas eu não as vi. Todavia segundo os arvoredos são mui muitos e grandes, e de infinitas espécies, não duvido que por esse sertão haja muitas aves!*
> (Caminha, 2016)

Mas também pode ser vista do ponto de vista antropológico, em relação ao encontro e à estupefação dos invasores com o povo que vivia aqui originalmente, seus hábitos de (não) se vestir e sua inocência:

> *Pardos, nus, sem coisa alguma que lhes cobrisse suas vergonhas. Traziam arcos nas mãos, e suas setas. Vinham todos rijamente em direção ao batel.*

> *E Nicolau Coelho lhes fez sinal que pousassem os arcos. E eles os depuseram. Mas não pôde deles haver fala nem entendimento que aproveitasse, por o mar quebrar na costa. Somente arremessou-lhe um barrete vermelho e uma carapuça de linho que levava na cabeça, e um sombreiro preto. E um deles lhe arremessou um sombreiro de penas de ave, compridas, com uma copazinha de penas vermelhas e pardas, como de papagaio. E outro lhe deu um ramal grande de continhas brancas, miúdas que querem parecer de aljôfar, as quais peças creio que o Capitão manda a Vossa Alteza. E com isto se volveu às naus por ser tarde e não poder haver deles mais fala, por causa do mar.* (Caminha, 2016)

O que fica patente é que a carta de Caminha não é um documento estanque, parado no tempo. Pelo contrário, sua importância é diferente para diferentes pessoas, em diferentes momentos históricos e com base em diferentes recortes. A carta em questão é um elo que estabelecemos com o passado e é tão mutável quanto são os homens que desejam estudar a história.

> Assim, fica patente que não existe documento histórico perene, bem como não existe fato histórico perene. O que existe é algo que hoje consideramos fato histórico, mas que amanhã pode não mais sê-lo; e também o contrário, ou seja, algo que era insignificante pode virar um fato histórico de grande vulto.

De novo recorrendo aos autores Karnal e Tatsch (2013), podemos perceber que os documentos e também os fatos históricos demonstram a visão atual do passado, em um diálogo entre a visão contemporânea e as fontes que estão no pretérito. A ideia de diálogo é justamente o oposto da ideia metódica do século XIX, que apontava o documento como fato acabado e precisamente documentado sobre o que aconteceu anteriormente, como bem critica Rüsen (2001).

Até o século XIX, o documento tinha um caráter de "monumento", ou seja, era uma "prova" histórica. O que estava posto no documento era a verdade. Era a reconstituição fidedigna do que havia acontecido. O que realmente estava em questionamento era a veracidade do documento, ou seja, se aquela assinatura era realmente do monarca, ou se a letra batia com outros registros de próprio punho da personalidade histórica. Além disso, o documento era, essencialmente, um texto escrito: testamentos, cartas, tratados de paz etc. Se o texto escrito era autêntico, bastava ao historiador fazer a heurística deles, ou seja, agrupar o maior número de documentos com autenticidade comprovada e classificá-los.

A partir do século XIX, para a sorte dos historiadores e principalmente para o desenvolvimento da história como ciência, **a noção de documento foi sendo ampliada**. Desde o início do século XX, com a escola dos Annales, a noção de *fonte* foi ampliada ainda mais, como informa Silva (2002). Com a expansão do que se considera um documento, amplia-se também a gama de assuntos e objetos de que o historiador pode dispor para melhor entender seu presente a partir do passado. Com isso, temos a criação e o posterior incremento da história do cotidiano, história da sexualidade, história quantitativa, história da culinária, entre outras. Podemos dizer que, hoje em dia, praticamente tudo o que o homem manipulou pode ser entendido como documento histórico, como sentenciou Bloch (2001) em seu último livro.

Com o aumento da noção de *documento histórico*, ampliam-se também as fronteiras entre a história e as demais ciências humanas. Antropologia, sociologia e filosofia estão cada vez mais presentes nas investigações históricas. Além disso, as preocupações históricas parecem ter um eco maior na sociedade atual. Basta considerar a relevância que os historiadores da vida escrava ou da tecnologia têm atualmente, pois conseguem perceber mais facilmente os desdobramentos que levaram a condição humana a determinado momento histórico, com suas realizações e seus fracassos, suas certezas e incertezas.

Claro que, por mais que tudo que o homem tenha manipulado possa ser, de certa forma, encarado como documento, também não podemos fazer história com um pedaço de cadeira, por exemplo. É necessário mais. Também é bom deixar claro que, muitas vezes, o documento não muda; o que muda é a leitura que se faz dele. Hoje é possível ler o documento de mais formas do que há alguns séculos. Se estudarmos o mesmo exemplo da carta de Caminha, poderemos perceber novas abordagens, como a história focada nos índios, e não nos portugueses, por exemplo; ou a história ecológica, que enxergaria nesse documento a percepção inicial do colonizador – o predador que destrói a natureza. Enfim, não se trata apenas de aumentar o conceito de *documento*; é também preciso aumentar a gama de leituras possíveis.

Outro conceito que foi modificado foi o de **veracidade**. Agora, um documento falso também pode ser considerado uma fonte histórica. Afinal, como fiz Bloch (2001), é necessário saber os motivos que levaram o autor a mentir, o que essas mentiras estavam encobrindo e quais grupos se beneficiariam com isso. Assim, além de valorizar as fontes não tradicionais, também foi lançado um olhar crítico sobre as fontes clássicas e suas formas de abordagem.

Os documentos inquiridos nem sempre são de fácil análise. As pessoas que estudam a história econômica, por exemplo, com suas planilhas e estatísticas, têm uma enorme dificuldade de fazer isso na Roma Antiga, onde a prática de anotar custos/gastos não era tão sistemática. O mesmo podemos dizer dos "silêncios ensurdecedores" em certos momentos históricos ou em culturas mais herméticas. Quem fará a história dos vencidos? Aqui mesmo no Brasil, poucos documentos registram as torturas perpetradas pelos militares aos civis. Ou, então, como será feita a história da violência contra a mulher? Se atualmente já é muito complicado, imagine tentar resgatar o que ocorreu há 100 ou 200 anos. Por esses e outros inúmeros exemplos, Ginzburg (2005) compara o ofício do historiador ao de um detetive, que busca, fareja, vai atrás do criminoso; ou ao de um médico, que, por meio de relatos fugidios, consegue compreender qual a enfermidade de seu paciente.

Mesmo porque, como diz o velho ditado, "o papel aceita tudo", ou seja, não é porque algo está escrito que está correto. Qual a garantia de que o documento está retratando a verdade? Mais ainda, que seu(s) escritor(es) está(ão)? Karnal e Tatsch (2013) nos lembram das falsificações e remetem ao tempo em que nazistas falsificavam documentos para pretensamente provar a superioridade ariana. Stalin, o ditador soviético, mandou apagar Trotsky das imagens oficiais muito antes do uso do Photoshop. Importante destacar que, desde épocas remotas, o Estado (sincero ou não) é o guardador oficial de muitas obras e documentos históricos. Porém, quem define a historicidade de um documento não é o documento em si, mas sim o uso que a sociedade (nesse caso representada pelo historiador ou pela equipe de historiadores) faz dele. Quem determina se aquela peça é um item de valor histórico ou não é a sociedade, não o item.

(2.2)
O TEXTO ESCRITO

Para trabalhar com qualquer documentação, é preciso saber ao certo do que ela trata, qual sua lógica de constituição, bem como as regras que lhe são próprias. Dito isso, apresentaremos alguns tipos de documentos escritos que podem auxiliar a pesquisa acerca de determinado período histórico.

2.2.1 Registros de eventos vitais

Os **registros de eventos vitais**, ou seja, nascimento (batismo), casamento e óbito, podem ser muito interessantes e instigantes. Esses registros, notadamente realizados pela Igreja Católica durante muito tempo e, posteriormente, pelo Estado, revelam muito sobre o passado das comunidades, mesmo porque a "vida" de determinada comunidade foi ali demarcada, ela está ali representada em determinados momentos cruciais da vida do cidadão. Além disso, esses documentos envolvem todas as classes sociais.

Obviamente, um ou outro caso pode escapar, mas normalmente toda as esferas sociais estão ali representadas, bem como as formas com que elas se apresentam em determinada comunidade. Descrições da etnia das pessoas, se estrangeiros ou locais, sua condição financeira, a legitimidade (ou não) dos filhos, além da condição de escravos libertos estão no rol das informações contidas nesses documentos. A perspectiva sociocultural talvez seja o maior chamariz para os historiadores, visto que, como informa Bassanezi (2013), essas fontes trazem consigo uma perspectiva ao mesmo tempo individual e plural, pois carregam os nomes das pessoas em seus papéis. Com esses registros nominais, é possível fazer cruzamentos com outras fontes também nominativas e, então, recriar a rede social existente no período estudado. Com base nessas fontes, recriam-se famílias inteiras, sendo possível descobrir seus destinos e algumas de suas idiossincrasias, como as práticas religiosas, os regimes de compadrio ou as hierarquias vigentes. Além disso, o historiador pode perceber – dados os registros de nascimentos e mortes – indícios de epidemias, migrações e também mudanças na concepção do casamento, notadamente a idade "mais correta" para se casar em cada comunidade.

A ideia de registrar a vida dos cidadãos em papel é originária da Igreja Católica, que começou com a prática de passar para um documento os sacramentos do batismo e do matrimônio, principalmente a partir do Concílio de Trento, entre 1560 e 1565, uma vez que, anteriormente, isso era feito esporadicamente por algumas paróquias. Em 1614, além do batismo e do matrimônio, o sacramento da extrema unção, ou seja, o óbito, também passou a ser registrado. Essa prática então se estendeu para todo o mundo católico e para algumas outras religiões, notadamente a luterana. Assim, podemos dizer que o Brasil, país católico desde a gênese, oferece muitos registros para os pesquisadores, mesmo porque, ainda acompanhando as ideias de Bassanezi (2013), em Portugal, a partir de 1591 (e, por consequência, no Brasil também), ficou definido que cada sacramento deveria ter um livro separado, para agilizar o procedimento dos sacerdotes encarregados separadamente do batismo, do matrimônio e da extrema unção.

Essa obrigatoriedade era sustentada por uma rede de fiscalização, pois, a partir do século XVII, bispos, vigários gerais e decanos eram encarregados de conferir se o pároco realizava todas as anotações de forma correta e regular. É claro que as informações não são uniformes nesse período, primeiramente porque os padres não necessariamente faziam um registro detalhado, e depois porque é nítido o descaso com pessoas de menor poder aquisitivo – ou seja, uma pessoa rica teria melhor registro do que uma pessoa pobre, e uma pessoa pobre teria normalmente um registro com mais requintes de detalhes em comparação a um escravo. Com a laicização do Estado, em 1891, houve uma maior padronização nesses registros, além de mais universalidade e representatividade.

Nas épocas em que o registro civil ainda não existia, o registro paroquial é o foco do historiador, visto que ele é imprescindível para encontrar registros de indivíduos e comunidades. Tanto que nesse período o registro paroquial tinha a mesma força que o registro civil hoje tem, ou seja, assegurar as informações ali contidas não apenas para os desígnios da fé, mas também para a lei dos homens, que se valiam desses documentos para assegurar direitos, como heranças e reconhecimentos paternais.

Os historiadores começaram a trabalhar com a chamada *demografia histórica* no Brasil a partir dos anos 1960; sua principal contribuição foi dar voz a uma grande parte da população que vivia, de certa forma, escondida em seu cotidiano. Com isso, uma gama cada vez maior de estudos de história social e história cultural foram sendo incorporados à historiografia. O mundo da mulher, dos escravos, dos alforriados, da família, da infância, entre outros tantos, foram sendo aos poucos descortinados a partir dessas fontes. Bassanezi (2013) nos conta que várias descobertas foram feitas, como as que dão conta dos movimentos sazonais de nascimentos e casamentos, que refletem costumes e tradições, ou a enorme quantidade de crianças abandonadas em virtude de relações fora do casamento. Além disso, a escolha dos parceiros de casamento e a de nomeação das crianças também informa muito acerca de etnias, da preservação de patrimônio e de alianças de grupos sociais. Essas e outras revelações não seriam possíveis sem os registros de batismo, casamento e óbito realizados, primeiramente, pela Igreja e, posteriormente, pelo Estado.

Metodologicamente falando, é importante destacar que, após o Concílio de Trento, todas as atas de batismo deveriam ser iguais; nelas deveriam estar contidos a data do batismo, o nome completo da criança, o nome de seus pais, se era filho legítimo ou ilegítimo (nesse momento, não batizar uma criança a condenaria ao inferno, portanto, os pais de filhos fora do casamento os batizavam independentemente de um possível problema familiar posterior), o local de residência dos pais, o nome dos padrinhos e também a assinatura do padre que lavrou o sacramento. Para além dessas informações obrigatórias, havia outras tantas, como o conhecimento da identidade de um dos pais ou de ambos (nesse caso, chamado de *filho de pais incógnitos*). Se a criança foi abandonada, deveria ser informado onde ela estava sendo criada; do mesmo modo, se fosse escrava, qual o seu senhor. Se a criança fosse resultado de um adultério, era chamada *adulterina*; do mesmo modo, uma criança *sacrílega* era filha de um padre. Se a criança estivesse correndo risco de morte antes de ser batizada, qualquer pessoa poderia batizá-la; porém, esse fato deveria ser comunicado no batismo oficial, feito após a recuperação do infante.

O matrimônio, como informa Bassanezi (2013), desde Trento, deveria conter: data do casamento, nome de cada cônjuge, filiação de ambos, residência, naturalidade e assinatura do sacerdote. No caso de nubentes viúvos, a comprovação da viuvez era anotada no documento, bem como o nome dos cônjuges mortos. Muitas vezes, eram colocados também o local da realização do matrimônio, a idade dos noivos, sua condição social e os nomes das testemunhas com algumas características, como títulos ou estado civil. Caso o casamento fosse feito entre escravos, era sempre indicado o nome do senhor. Se um dos noivos fosse imigrante, também era anotada sua paróquia de origem; se fosse filho de imigrantes, anotava-se a nacionalidade dos pais.

O atestado de óbito era mais sucinto, e suas normas, bem menos rigorosas. Normalmente, eram registrados a data do falecimento, o nome do morto e seu estado civil – se casado, o nome do cônjuge; se solteiro, o nome dos pais. A idade do finado também era posta no documento, bem como sua profissão (ou atividade exercida), a causa da morte e se havia testamento. Se fosse estrangeiro, era documentada também sua nacionalidade; se escravo, o nome de seu senhor. Um pouco mais dificultoso é identificar a causa da morte, pois, em geral, eram vagas, como "febre" ou "dores", tendo em vista que as pessoas morriam em casa e sem atendimento de uma pessoa capaz de diagnosticar a real causa do óbito.

A partir de 1814, porém, foi promulgado um ato oficial que informava que só se podia enterrar um indivíduo se ele tivesse certidão auferida por um "médico ou outro facultativo". Em 1870, D. Pedro II determinou o censo nacional a cada dez anos e, junto com isso, regulamentou que os registros de nascimentos, casamentos e óbitos deveriam ser feitos também pelo governo. Mas, como se pode imaginar, demorou até que a população começasse a levar a sério a necessidade do registro – mesmo porque, como informa Hakkert (1996), os próprios padres e párocos desestimulavam a prática do registro perante a autoridade civil. Além disso, a própria dimensão continental do Brasil dificultava (como dificulta até hoje) a universalização dos registros.

O interessante desses documentos é que o pesquisador pode trabalhar com eles tanto de forma individualizada – selecionar um indivíduo e perceber dados de sua vida por meio dessas informações – como de forma serializada – tomar diversos documentos de uma mesma comunidade ao longo do tempo e fazer uma pesquisa com extensos registros arquivísticos. Claro que, nesse caso, é necessário ao historiador o conhecimento de ferramentas estatísticas e também de *softwares* de computador para manipular tal conjunto de dados, como Microsoft Excel®, Assistat ou Draco, todos facilmente encontráveis e, no caso dos dois últimos, gratuitos.

Se for trabalhar com base em uma pessoa (ou um grupo menor delas, como uma família ou uma pequeníssima comunidade), o interessante é perceber os atos migratórios, as evoluções e as relações sociais exercidas pelo indivíduo estudado; sua ascensão ou sua derrocada na vida, com quem se casou, com que idade, quando morreu... Agora, se houver dados de mais pessoas, o interessante é tentar encontrar movimentos uniformes dessa comunidade ao longo da história – perceber a taxa de natalidade e mortandade infantil, por exemplo; ou a coerção do casamento em idade precoce, ou, até mesmo, o cruzamento entre famílias, que se perpetuam (ou não) no poder. Tudo isso pode gerar estudos interessantíssimos, os quais fazem a diferença na forma como as pessoas atualmente olham para o passado.

2.2.2 TESTAMENTOS E INVENTÁRIOS

Do mesmo modo que ocorre com documentos que registram eventos vitais, estudar e pesquisar **testamentos e inventários** pode ser muito fascinante. Para Furtado (2013), esses documentos formais contêm diversas informações sobre aspectos da vida do falecido, as quais são ricas não apenas no que concerne ao morto, mas também à sociedade que o rodeia. Para diferenciarmos testamentos de inventários, precisamos recorrer à própria legislação brasileira, que diz que o **testamento** é produzido por um ser ainda vivo, em momentos que antecedem sua morte – poucos minutos ou vários anos –, e revelam as últimas vontades do futuro defunto em relação, principalmente, aos bens que deixará para a posteridade. O **inventário**, por sua vez, é feito depois da morte do possuidor de bens, cabendo à família ou a pessoas próximas dividir, na forma da lei, as posses deixadas. No caso do inventário, o testamento, se houver, é o primeiro item a ser considerado e tem primazia sobre os demais.

Tanto no caso do testamento quanto no caso do inventário, leis específicas devem ser utilizadas para fazer a partilha; portanto, o historiador deve sempre conhecer as leis vigentes no momento de criação dos papéis. A interpretação errônea da legislação pode pôr toda a pesquisa a perder.

No caso do Brasil, até 1915, tanto testamentos quanto inventários eram regidos pela lei de Portugal, chamada também de *Ordenações Filipinas*, como informa Grinberg (2013). A partir de 1916, ela foi substituída pelo Código Civil Brasileiro, que, por sua vez, foi mais uma vez atualizado no Novo Código Civil Brasileiro, em 2002.

O testamento designa a vontade manifesta e testemunhada de um indivíduo dotado de todas as suas faculdades mentais, o qual informa seu desejo acerca de suas posses quando sua vida findar. Esse documento deve ser lavrado por um tabelião ou agente semelhante e sempre na presença de testemunhas. Ele é, portanto, um documento formal e detentor de valor jurídico, que preconiza o direito individual de determinar para onde e de que forma seus bens serão divididos.

Normalmente, desde Portugal metrópole e Brasil colônia, os filhos são os detentores naturais dos bens dos pais. Porém, algumas condições exemplificam a diversidade do trabalho do historiador. Primeiramente, filhos ilegítimos não herdavam nada; depois, os próprios filhos legítimos poderiam ser deserdados; ou mesmo os ilegítimos poderiam herdar os bens restantes de seus pais, desde que cumprissem algumas condições. A primeira e mais simples forma de deixar claro o direito dos filhos ilegítimos à herança era o testamento; e pais rancorosos poderiam dele se valer para deserdar seus filhos. Entretanto, tudo deveria ser feito na lisura da lei.

A lei foi aqui comentada porque, em alguns casos, ela se superpunha ao próprio testamento. Mesmo que houvesse um termo escrito e lavrado, os filhos sacrílegos (filhos de padres ou freiras), adulterinos (pelo menos um dos pais era casado com outra pessoa) e os incestuosos (filhos de pais consanguíneos ou com afinidade até quarto grau) não podiam herdar. Naturalmente, como comenta Furtado (2013), havia formas de burlar a lei, tal como acontecia com o filho de um padre, que, em geral, afirmava ter engravidado a mulher antes de sua ordenação, assegurando assim o direito à herança do seu rebento.

Existia, ainda, outra forma de revelar o desejo de transferência das posses em caso de morte: os chamados *codicilos*. Eles eram destinados às pequenas posses, como roupas, anéis ou chapéus. Entretanto, chamando atenção ao contexto, Furtado (2013) informa que, nas Minas Gerais dos séculos XVII e XVIII, roupas, móveis e alguns objetos de uso pessoais eram incluídos no testamento, dado seu valor – apenas à guisa de exemplo, uma sela de cavalo valia o mesmo que uma casa por volta de 1810. O mesmo podemos dizer das velas, missas e atos de caridade, que deveriam ser feitos após o falecimento do indivíduo. Apesar de terem valor relativamente barato, eram de suma importância para a salvação de sua alma e, portanto, não habitavam o codicilo, e sim o testamento. Além disso, o preço dessas formas de salvação da alma nunca foi pequeno.

Desde 1916 e, principalmente, a partir de 2002, os bens móveis e as determinações relativas às esmolas e à cerimônia funeral constam apenas dos codicilos, de tal forma que os testamentos são utilizados para objetos de maior vulto monetário, como imóveis, poupanças e afins. Isso porque a ascensão do capitalismo e a laicização da sociedade, como aponta Bauman (2010), fizeram com que o documento testamental fosse usado para responder a pendências financeiras e legais, e não mais para assegurar uma melhor vida pós-morte. Atualmente, a função básica de um testamento é evitar futuras e dispendiosas brigas judiciais entre os herdeiros.

Independentemente, porém, de brigas, no caso de não haver um testamento ou mesmo para resolver questões que não foram explicitadas pelo texto do morto, recorre-se ao inventário – que, como dissemos, é a divisão dos bens do falecido após sua morte, nos termos da lei. O termo correto, inventário *post-mortem*, refere-se não apenas à listagem dos bens contida no processo de partilha, mas também ao processo judicial que permite e possibilita essa divisão, como informa Gomes (2015).

Desde as Ordenações Filipinas, esse tipo de documento chega aos historiadores, haja vista sua importância no momento em que foram feitos. Afinal, esse tipo de papel assegurava direitos e dinheiro para muitas pessoas, então, é razoável acreditar que fossem bem guardados não apenas pelo Estado, mas também pelas partes interessadas. Porém, no período anterior ao Código Civil, esse tipo de procedimento formal não era obrigatório. Se as partes herdantes concordassem em dividir os bens, isso poderia ser feito em caráter privado. Quando o Estado se envolvia no processo, por meio de um inventário judicial, era porque alguma das partes havia se sentido lesada, tendo acionado a lei. Outros casos em que o inventário era obrigatório: quando o defunto tinha herdeiros menores de 25 anos, quando não tinha nenhum herdeiro e também quando viesse a morrer longe de seu domicílio. Mesmo assim, o inventário não era aberto se o falecido não tivesse bens suficientes para justificar o custo do processo, se não houvesse bem nenhum a ser transmitido ou, simplesmente, se os bens fossem muito poucos. Um adendo interessante é que, se não houvesse partilha dos bens no período de um ano, o dinheiro e os bens do morto eram retidos pelo Estado, com quem ficavam. A partir de 1916, porém, não havia mais escapatória: todos os inventários deveriam ser feitos judicialmente, e assim funciona até os dias atuais.

Entre os anos de 1729 e 1855, as partes mais comuns do processo de inventário, de acordo com Furtado (2013), eram: o **termo de abertura**, que é muito interessante, pois informa, em sua parte superior, local e data do inventário, data da morte da pessoa e juiz responsável pelo seu lavramento; a **transcrição do testamento**, se houvesse; a **designação do tutor**, caso haja herdeiros menores de idade ou também quando o valor é elevado e o cônjuge sobrevivente é mulher; a **lista dos bens** do morto, bem como seus valores estipulados, tanto de bens quanto de dívidas ativas e passivas; a **partilha dos bens**, isto é, quem vai ficar com o que do falecido e, por último, se houvesse, o **codicilo**. Devemos lembrar que as custas desse processo eram retiradas dos bens do morto, e não da família.

Os inventários descrevem todo o patrimônio do indivíduo; portanto, facilitam muito o trabalho do historiador voltado à cultura material das sociedades. Em relação à divisão, se o morto era casado, o líquido de seus bens era dividido em dois e a metade ficava com o cônjuge vivo. Interessante é que, se houvesse testamento, o que sobrasse dos bens (ou seja, metade) era dividido em três partes, das quais duas partes iam para os herdeiros e a outra parte – também denominada *terça* – era destinada à salvação da alma, ou seja, era empregada para realizar atos de caridade, mandar rezar missas e comprar velas para acender em favor do morto.

A parte interessante do estudo de inventários e testamentos é que eles são fontes muito ricas da cultura material; mas não só isso, visto que podem ser estudados tanto de maneira ímpar quanto em sua forma serial. Ao analisarmos uma coleção de centenas ou milhares de testamentos em determinada comunidade, podemos entender muito mais como ela se posiciona em relação à morte, aos filhos e à própria posse de bens. Além disso, é possível perceber noções de valor não quantitativas. Por exemplo, é possível saber que um tipo específico de vestido era muito valorizado em determinada época, ou que coisas que atualmente são muito valorizadas tinham pouco significado no passado. Essa comparação, sempre voltada aos dias atuais e ao futuro, permite um diálogo passado-presente-futuro com base em objetos existentes no cotidiano.

Porém – como adverte Furtado (2013) –, é importante tomar cuidado ao escolher essas fontes como documentos, isso porque as distorções podem afetar muito o resultado final da pesquisa. Há um interesse financeiro por trás de ambos os documentos, o que aumenta exponencialmente a possibilidade de corrupção, à medida que aumenta o valor a ser distribuído. Bens podem ser omitidos ou distorcidos – por exemplo, o tamanho de um lote de terra ou o peso de uma joia de ouro e valores podem aumentar ou diminuir, dependendo dos interesses envolvidos. Um irmão que queira prejudicar o outro pode, por exemplo, dizer que um colar de 100 gramas de ouro tem 500 gramas e, assim, levar vantagem em outro item da coleção deixada pelos pais. Da mesma forma, esse mesmo colar pode sumir do inventário, de tal forma que quando sua falta for notada ele já terá sido vendido.

Também cabe ao historiador lembrar que tanto os testamentos quanto os inventários só são produzidos por uma parcela da população, a parcela que detém bens suficientes para que seus herdeiros se preocupem com isso. Assim, ao utilizar essas fontes como produção serial, o pesquisador deve lembrar que de forma alguma elas retratam toda a sociedade. Mas, além da escassez promovida pela própria divisão financeira da população, há, ainda, o problema da dificuldade de dispor de um grande grupo de inventários/testamentos produzidos em uma mesma comunidade ao longo de um largo período de tempo, principalmente em tempos muito remotos ou em vilarejos cuja capacidade de armazenamento não era muito desenvolvida na época da pesquisa.

Outro aspecto importante que o historiador deve levar em conta é que os documentos têm temporalidades diferentes, ou seja, o testamento serve para um pequeno período de tempo, pouco depois da morte do indivíduo. Com o testamento, as pendências são brevemente resolvidas e o processo se encerra. O mesmo não se pode dizer dos inventários, que, por vezes, arrastam-se durante anos e até mesmo décadas, com cada vez mais documentos ao longo do processo. A religiosidade é um tema recorrente nos testamentos até os dias de hoje; no entanto, com certeza ela era mais desenvolvida em tempos remotos, quando era mais aflorada e também mais exigida dos indivíduos. Piovezan (2014) afirma que os anjos de devoção, os santos padroeiros, as irmandades, bem como os ritos de elevação da alma, as maneiras de enterrar o corpo e outras tantas práticas estão dispostas em diversos testamentos. Além disso, a própria descrição dos bens pode indicar o nível de religiosidade do morto. Quando estudadas no processo de longa duração, essas fontes podem ser muito interessantes também para revelar a mudança dos costumes relativos tanto à religião quanto à morte. Vovelle (2010) afirma que, com a invenção do purgatório no imaginário social, a forma de escrever os testamentos foi modificada. Isso porque tornou-se cada vez mais necessário inserir os ritos exigidos à salvação da alma para que ela não se perdesse entre céu e inferno. Quanto mais se gasta com esse tipo de ritual, mais podemos ter a certeza da importância da religiosidade em determinada população. Ao mesmo tempo, podemos perceber também, com a análise de Delumeau (1999), que o medo do inferno (e do diabo) contribuíram e muito para o gasto relativo à salvação da alma no período da Idade Média, que perseverou até o século XVII.

Com a progressiva laicização cultural, a partir do século XIX, as menções à salvação da alma começam a ficar mais escassas, restando principalmente a questão dos bens em relação às doações. Vários dos testadores, como relata Furtado (2013), deixavam partes de suas heranças para as irmandades ou ordens terceiras (associações de não clérigos vinculadas às ordens religiosas medievais, como a jesuíta, a franciscana, a dominicana, entre outras), ou para pagar pelos serviços por elas prestados, ou "comprar" um lugar nessas ordens e alcançar uma posição no céu. De qualquer forma, uma coisa era muito evidente – e ainda o é até os dias de hoje: quanto maior o luxo, mais importante era o morto na sociedade onde vivia.

No que tange ao Brasil colonial, uma característica interessante era, no momento do testamento, alforriar alguns escravos como forma de gratidão pelos serviços prestados. Algumas negras eram também alforriadas como gratidão pelos filhos gerados, ou seja, em situações em que fora do casamento o defunto havia tido um ou mais filhos com sua(s) escrava(s). Quando se estuda escravidão, os inventários são instrumentos muito poderosos; afinal, como os escravos eram tratados como mercadoria, suas condições estavam ali listadas: idade, condições de saúde, origem, ofícios, entre outras informações que fazem a alegria dos historiadores da escravidão e da família.

A história das famílias também se vale dos testamentos e inventários, pois esses documentos trazem informações sobre filhos legítimos e ilegítimos, órfãos, parentes, antepassados, datas e locais de nascimento, além de pessoas de estima do morto, como filhos de criação, irmãos de criação, primos, entre outros – dados que mostram como aquela sociedade entendia o conceito de família. Outro ramo da história que se beneficia muito dos inventários é o da história da leitura, que, como informa Chartier (2000), apreende o que se lia no período de vida do falecido e, comparando com os demais livros deixados por outras pessoas, compreende melhor como acontecia essa perspectiva da vida cotidiana. Além disso, nos testamentos e nos inventários há referências à localização de imóveis e suas condições, bem como seus preços, que são material de referência muito importante para a história econômica ou mesmo para a economia de uma forma geral, como atesta Piketty (2014), uma vez que podemos perceber a evolução dos preços de imóveis e, por esses e outros preços comparados, compreender a evolução da economia local e também global.

2.2.3 Processos criminais

Outro tipo de fonte interessante de se trabalhar são os **arquivos de processos criminais**. Qualquer historiador – e também qualquer pessoa curiosa – adora saber os motivos pelos quais as pessoas foram levadas à justiça. E não apenas para compreender como a justiça se processava naquele tempo passado, mas também para compreender a própria noção de justiça, de crime, de ofensa à sociedade.

Nesse sentido, podemos dizer que a primeira providência a ser tomada pelo historiador é compreender a noção de crime na sociedade por ele estudada. Além disso, é muito importante entender os processos judiciários e algumas definições culturais desta ou daquela temporalidade. Grinberg (2013) defende que historicamente um processo criminal se inicia com a queixa ou a denúncia de um crime. A partir dessa ocorrência, institui-se um inquérito policial para comprovar se o crime existiu ou não. Se existiu, de fato, um ato criminoso, faz-se um exame de corpo de delito, se for o caso, ou uma queixa-crime, que informa o que foi roubado ou o que ocorreu. Isso posto, coloca-se a cabo a qualificação do acusado e todas as partes envolvidas são interrogadas. Se o juiz (ou a autoridade competente) decidir que existem indícios suficientes, procede-se à segunda fase, que é o julgamento. Do contrário – ou seja, se o juiz compreender que não há evidências suficientes –, o processo é arquivado.

No julgamento, o acusado é pronunciado com base na legislação criminal, seu nome é lançado no rol dos culpados e, assim, um processo é instaurado. A partir daí, começa a disposição de provas e contraprovas para acusar ou defender o réu. Quando o juiz se dá por satisfeito, pode chamar pessoas da localidade para compor um júri, que decidirá o caso. Se não ficar satisfeito, pode chamar os advogados para que eles apresentem mais indícios de culpabilidade ou de idoneidade. Ao fim e ao cabo do processo, uma sentença é instaurada.

Temos, porém, de entender que a ideia de crime se modifica tanto no tempo quanto no espaço; em geral, o Estado decide o que é e o que não é um ato criminoso, como informa Eco (1970). Assim, diversas coisas que outrora eram crimes atualmente não o são e vice-versa. Como exemplo, podemos citar a homossexualidade, que até meados do século XX era crime em diversos países. O contrário podemos dizer da escravidão, que já foi uma das coisas mais comuns na sociedade e atualmente é interpretada como crime hediondo.

A legislação penal brasileira, novamente de acordo com Grinberg (2013), foi modificada apenas em 1830. Até essa data, era regida pelas Ordenações Filipinas portuguesas. Logo depois da instauração do Código Criminal do Império do Brasil, foi criado o Código de Processo Criminal, em 1832; juntos, eles instituíam as definições de crime e suas possíveis punições. Nesse período, havia basicamente três crimes: a) crimes públicos, que eram aqueles contra a ordem pública ou contra imperador, ou seja, revoltas, rebeliões etc.; b) crimes particulares, que eram aqueles contra a propriedade ou contra o indivíduo; e c) crimes policiais, que eram aqueles contra a civilidade e os bons costumes, como vadiagem, sociedades secretas, prostituição etc. Nessa época, as penas variavam desde prisão temporária até a pena de morte, que só foi abolida quando os códigos foram substituídos na última década do século XIX. Mais tarde, em 1940, um novo código foi instaurado e, com ele, a modificação de que o tribunal do júri só seria conclamado para crimes de assassinato (ainda que essa definição pudesse abarcar o aborto, a indução ao suicídio e outras formas dolosas de promover a morte de outrem).

Grinberg (2013) adverte, porém, que, para estudar processos penais, é necessário compreender toda a legislação do período e, assim, entender a lógica do processo e todos os seus trâmites. Além disso, no caso de um crime de grande vulto, escutar a opinião pública por meio de jornais, revistas e reportagens pode ser muito elucidativo para compreender o que aquele crime representava para aquela sociedade. A mídia teve (e continua tendo) papel essencial no que tange à própria definição de crime e suas punições. Outra questão importante levantada pelo autor é a dificuldade de encontrar tais arquivos de forma completa. Isso porque os processos criminais no Brasil podem estar sob a guarda de diversos órgãos. E, como normalmente esse tipo de documento não é muito mais usado após a morte dos envolvidos, seu banimento é quase uma certeza. Assim, eles vão parar em porões escuros dentro de alguma repartição pública que sequer sabe de sua existência. Além disso, a cada cinco anos, boa parte dos documentos judiciários brasileiros são destruídos.

O historiador deve lembrar que processos criminais são fontes oficiais, produzidas pela justiça, e, como elucida Foucault (1987), registros e mecanismos de controle social. Além disso, há sempre pelo menos duas intervenções: a da linguagem jurídica e a do próprio escrivão que redige o processo. Ambas as mediações podem alterar sentidos e promover significados não existentes na disputa original, haja vista que a tentativa do historiador é restabelecer um elo com o passado, tentando compreender o modo de vida dos trabalhadores do período estudado.

Deve-se levar em conta também que o documento para o encaminhamento de uma ação penal não é, de forma alguma, uma tentativa de reconstituir um acontecimento. Sua função é condenar ou libertar um indivíduo, ou seja, os depoimentos estão muito mais próximos da ficção (uma leitura com propósito claro de libertar ou prender) do que da realidade. Grinberg (2013) alerta para esse problema, argumentando que todos os depoimentos são escritos da forma que o escrivão os entendeu com base nos depoimentos normalmente orais dos envolvidos. Também é bom destacar que os discursos proferidos e anotados não necessariamente eram compreendidos pelos réus e acusadores, uma vez que, durante muito tempo, o analfabetismo prevaleceu na sociedade.

    E mesmo não levando em conta o analfabetismo, devemos considerar sempre a prática do discurso, pois um processo não se fundamenta no momento do fato (crime ou não) ocorrido, mas sim em um posterior discurso, que, como informa Foucault (2015), nunca é imparcial e é moldado para este ou aquele fim. Justamente na produção desses discursos que transitam entre o real e o ficcional está a principal chave de análise dos historiadores. Como determinado crime foi visto e proferido nos autos pode ser mais interessante do que o crime em si. As distorções, as construções imagéticas e até mesmo as noções de certo e errado são o que há de mais precioso para os historiadores. Quando se sabe que cada auto é, na verdade, uma construção feita por outras pessoas, podemos investigar o imaginário da época estudada, principalmente a partir das entrelinhas dos depoimentos, visto que, nesse local, os relacionamentos sociais, os dramas sociais, as disputas de poder, os preconceitos, os maniqueísmos e as projeções ficam mais evidentes, elucidando uma série de questões sobre o período, a partir do levantamento de novas e preciosas indagações que podem permear muitos estudos e fornecer perspectivas ainda mais amplas sobre a sociedade estudada.

    No caso do Brasil, há, ainda, outra fonte ligada a depoimentos que é muito rica – embora triste: os documentos dos ditatoriais nacionais. Nesse caso, é necessário fazer a devida busca do próprio momento vivido pelo Brasil entre 1930 e 1945 e também entre 1964 e 1985. Mas é importante verificar os sistemas de informações e a burocracia que os produziu, pois os registros, apesar de terem sido feitos em períodos ditatoriais, podem ser muito diferentes entre si.

A partir de 1930, a polícia e os órgãos repressores passaram a ter mais competências e maior profissionalização, ou seja, o aparelho burocrático passou a ter uma importância maior para o Estado naquele conturbado período. Bauer e Gertz (2013) afirmam que, entre 1935 e 1937, a repressão foi tão grande que praticamente extinguiu-se a esquerda manifestante no Brasil. Pouco depois, no auge da Segunda Guerra Mundial, esses mesmos órgãos foram responsáveis por investigar supostos simpatizantes do regime nazista e os reprimir. Toda essa documentação pode ser interessantíssima para o pesquisador, bem como a documentação do regime militar brasileiro no período pós-1964, tendo em vista que eram esses papéis que ordenavam e coordenavam as ações repressoras.

Naturalmente, o historiador não pode ser ingênuo a ponto de acreditar que nessas fontes estão postas todas as ações repressoras. Quanto aos documentos formais, eles mostram o sistema repressor e toda a ideologia por trás do regime, o que é muito interessante para a pesquisa; no entanto, não mostram a rede de torturas e as ações clandestinas destinadas a calar os insurgentes.

Além disso, vários arquivos no período do Estado Novo se "perderam". Bauer e Gertz (2013) descrevem que, no período de cinco anos após o fim do governo Vargas, cinco locais de arquivamento de documentos de origem policial, de forma misteriosa, simplesmente pegaram fogo em situações estranhas apenas no Rio Grande do Sul. Cabe, então, ao historiador descobrir também onde estão as falhas, as lacunas das documentações e, com essas brechas, moldar sua pesquisa.

Para a sorte do pesquisador, porém, os arquivos da repressão militar das décadas de 1960, 1970 e 1980 podem ser conferidos e consultados, em um esforço de consolidação dos regimes democráticos. Assim, aquilo que foi efetivamente produzido e documentado ainda é acessível, mas nem todas as atitudes repressoras eram escritas e documentadas. Muitas torturas, sumiços e assassinatos jamais foram escritos em algum papel.

Podemos definir *arquivos de repressão* como conjuntos de documentação cuja função era fornecer subsídios para atitudes repressoras por parte do Estado. Esses documentos eram, em grande parte, fichas policiais cotidianas de pessoas investigadas ou de supostos não colaboradores do regime. Nesses casos, apenas algumas informações eram enumeradas e pouca atenção se dava ao registro. Mas, junto com esses documentos, existiam outros, mais pesados, relativos a interrogatórios e ações de repressão mais fortes. No caso dos interrogatórios, basta ler o livro *Brasil nunca mais*, coletânea do projeto sobre a tortura perpetrado pelo reverendo James Wright, para perceber a virulência e a agressividade dos interrogatórios e seus depoimentos. Essas descrições dificilmente são encontradas nos documentos oficiais, e a única forma de colhê-las é mediante entrevistas com os torturados.

Mesmo assim, por meio dos relatos oficiais e pelo cruzamento de dados de entrevistas feitas com as vítimas, podemos perceber que os depoimentos que constam nas atas do regime militar são fruto de situações-limite, ou seja, muitas vezes, as informações ali constantes são imprecisas. Várias denúncias são falsas, muitas delações forçadas e inúmeros testemunhos equivocados em função das agressões sofridas. Afinal, como o leitor pode imaginar, é difícil raciocinar pendurado em um pau-de-arara e tomando choque em todas as partes sensíveis do corpo. Por conta disso, o historiador deve sempre pesar suas palavras e também a pesquisa. Mesmo porque tanto agressores quanto agredidos ainda estão vivos e, certamente, têm visões diferentes sobre o período e os depoimentos.

Quanto à disponibilização desses documentos, Bauer e Gertz (2013) informam que, em relação ao período relativo ao Estado Novo, o historiador deve pesquisar documentos nas delegacias de polícia do país (principalmente nos grandes centros urbanos) e também nos acervos do Departamento de Ordem Política e Social (Deops) espalhados pelo Brasil. Em relação ao regime militar, entre 1964 e 1985, também é possível encontrar os documentos no acervo do Deops, mas é interessante a pesquisa no acervo do projeto "Brasil Nunca Mais" – além do livro que é editado periodicamente desde 15 de julho de 1985, também há um *website*, no qual é possível fazer a pesquisa de todas as 900 mil cópias em papel e dos 543 rolos de microfilmes.

> **Para saber mais**
>
> Acesse a página indicada a seguir e confira toda a história do projeto "Brasil Nunca Mais", sua representatividade junto à população brasileira pós-Ditadura e um vasto relato sobre o período, incluindo todos os processos mencionados antes, vídeos, fotografias e caminhos para diversos acervos relacionados ao tema.
>
> BRASIL NUNCA MAIS. Disponível em: <http://www.bnmdigital.mpf.mp.br>.

Não podemos nos esquecer, porém, que esse tipo de pesquisa parece extrapolar o campo meramente historiográfico. Quando se estuda o período da ditadura militar pós-1964, ficam evidentes os embates ideológicos, políticos e sociais que esse tipo de pesquisa pode suscitar. Talvez o maior desafio do historiador, nesse momento, seja o de analisar friamente os documentos e o período.

2.2.4 Pronunciamentos de personalidades

Outro tipo de documento que o historiador pode utilizar em sua pesquisa são os **pronunciamentos de personalidades**. Também chamado de *discurso*, um pronunciamento é um texto lido para um público por determinada autoridade, segundo uma das interpretações do termo *discurso de autoridade*, de Foucault (2015). Existem algumas variantes do momento do pronunciamento e também de sua forma, como o texto lido em um rádio, ou seja, apenas com a voz do escritor, um texto exibido em televisão ou cinema, ou seja, audiovisual, e o texto proferido por outra pessoa que não seu autor, ou seja, uma encenação. Para além desses textos, Albuquerque Jr. (2013) também nos lembra dos discursos que nunca foram pronunciados, que ficaram encarcerados em alguma gaveta e nunca chegaram a ser ouvidos pela população a que se destinavam.

É interessante lembrar que a historiografia se vale de pronunciamentos desde Heródoto. Na Antiguidade, como informa Albuquerque Jr. (2013), os textos, antes de serem lidos para a população, eram escritos e, portanto, facilmente encontráveis durante o período. Além disso, havia uma preocupação com a leitura e com a narrativa, pois prender a atenção dos ouvintes era uma das atribuições do bom orador e do bom texto. O problema com os pronunciamentos é que, durante muito tempo, essa parte da narrativa foi, de certa forma, ignorada, e os historiadores passaram a assumir que o texto escrito era a representação fidedigna da realidade. Os textos passaram a ser vistos como provas e, como sabemos, cada um deles tinha funções políticas e não eram, de forma alguma, imparciais. Os discursos e os pronunciamentos, como eram feitos por autoridades, passaram a ser encarados ao mesmo tempo como documento, fato e história, e bastava uma lida por parte de um historiador para que a verdade do tempo pretérito fosse revelada, sem refutação.

Com os Annales, a noção de *documento* se ampliou: caiu por terra a ideia de que o pronunciamento era a única forma fidedigna de contato com o passado. Além disso, a própria veracidade dos fatos ali colocados foi posta em xeque. Com o passar dos anos, tanto os pronunciamentos quanto os discursos começam a ser percebidos como monumentos, ou seja, algo produzido por forças políticas (normalmente dominantes) que agem com base em ideias e ideais claramente definidos.

Atualmente, ao analisar um documento dessa espécie, é dever do historiador interrogar não apenas o texto ali posto, escrito, mas também a sua forma de produção e o contexto que motivou a escrita. Análises políticas, sociais, econômicas, filosóficas e outras são cruciais para o cruzamento de dados, tão necessário para o correto entendimento do próprio pronunciamento e, principalmente, do contexto histórico. Além disso, como Bakhtin (2011) comenta, todo discurso apresenta, em seu cerne, outros discursos imbricados, que permeiam e ajudam a definir seu caráter. Foucault (2015) também fala da própria ordem dos discursos e de seu lugar tanto no momento de sua criação quanto no de sua leitura posterior. **Um pronunciamento só consegue ser útil ao historiador quando comparado com outros e compreendido em seu próprio lugar espacial e temporal.** O que o historiador faz ao travar contato com um documento dessa espécie é uma análise do discurso, ou seja, ele busca compreender o que está dito com base em outros discursos prévios e posteriores e, principalmente, em outros documentos que informem ainda mais sobre o objeto de estudo.

Há, então, duas análises necessárias: 1) a interna, do documento em si, quando devemos interrogar o texto e suas palavras, sua forma de escrita, suas informações e seus silêncios; e 2) a externa, perguntando coisas para documentos contemporâneos, que podem ampliar o entendimento do texto inicial. Ao comparamos um pronunciamento com outros documentos do mesmo período, conseguimos determinar conceitos e decifrar certas palavras ou expressões que há muito tiveram seu significado alterado. Além disso, o historiador deve tentar compreender o motivo pelo qual aquele documento foi guardado, arquivado, por quem foi guardado e com qual finalidade. Nunca podemos perder de vista que as relações de poder se encontram em todas as manifestações humanas e que, no processo de descarte/preservação, elas ficam latentes. Nenhum documento foi guardado ao acaso. Indivíduos ou grupos possivelmente se valeram (ou queriam se valer) das informações ali encontradas.

Outra chave de análise que podemos sublinhar é o **processo de recepção**. A forma como um texto foi lido no período em que foi escrito. Chartier (1999) comenta esse fato e informa que o leitor é sempre cocriador do texto, coprodutor do significado ali estabelecido. O leitor nunca é passivo, e sua posição e interpretação devem sempre ser levadas em conta. Se o pronunciamento foi bem aceito, mal aceito ou aceito com indiferença, isso pode indicar muitas pistas para o historiador que deseja compreender o passado.

2.2.4 Diários e cartas

Na outra "ponta" dos discursos feitos para os outros, há os discursos feitos para si: os diários. Os **diários pessoais**, como informa Cunha (2013), são fontes que permitem aos historiadores rastrear muitas das maneiras de ser e viver de determinada época, além de oferecerem valiosas pistas no que tange à forma de pensar da época estudada. Uma vez que esses diários são feitos por pessoas "comuns", e não por personalidades, nunca foram pensados para serem abertos por outros indivíduos, então parecem carregar – de certa forma – maior autenticidade e crueza no que diz respeito ao cotidiano.

A partir dos anos 1980, diversos estudos sobre as sensibilidades utilizaram enormemente os diários de pessoas, os quais, sem almejar a posteridade, acabaram por ceder interessantes formas de ver o mundo, sob uma ótica singular, com suas vicissitudes e idiossincrasias. O cotidiano é explorado no estudo dos diários. As noções de amor, liberdade, pecado, felicidade, mal-estar, condição da mulher, capitalismo, dor, religião, entre milhares de outras tantas podem ser analisadas e estudadas a partir de relatos íntimos que, como diz Schittine (2004), foram feitos com o intuito de lembrar, de salvaguardar experiências e apontamentos para um futuro pessoal, quando a pessoa que escreveu ainda estivesse viva e pudesse rememorar suas conquistas e suas dores. Os diários influenciam muito o estudo das representações do passado, pois mostram visões e entendimentos de uma pessoa comum, à sua época.

Essa visão do homem e da mulher comuns produziu certa valorização do "eu", a partir da qual a percepção individual passou a ser tão interessante e tão digna de nota quanto a de um grande estadista, por exemplo. O olhar do indivíduo, como mostra Ginzburg (2005), traz uma contribuição intensa para a percepção do passado, ainda que, como diz Cunha (2013), a visão da pessoa sobre ela mesma poucas vezes é ausente de problemas de estima. A percepção do "eu" é algo que o historiador deve considerar ao analisar suas fontes. É interessante também percebermos que há diversos tipos de diários. Os grandes estadistas e as personalidades políticas escreviam diários para que eles fossem lidos por pessoas após sua morte, ou seja, muito provavelmente censuravam partes que "maculariam" sua imagem ao mesmo tempo em que aumentavam os grandes feitos. Ainda assim, são valiosas fontes quando confrontadas com outros documentos.

Outro tipo de diário são os **diários de bordo**, ou diários de viagem: o objetivo era narrar apenas fatos relativos à viagem e suas impressões, para que essas informações fossem utilizadas por outras pessoas com a mesma função e também pela comunidade científica, uma vez que muitos diários de viagem descreviam a fauna e a flora dos locais visitados.

Quando falamos dos diários efetivamente íntimos, ou seja, aqueles cujos conteúdos não deveriam jamais ser lidos por outras pessoas, falamos normalmente do processo iniciado pela ascensão da classe burguesa e pela alfabetização mais comum das mulheres, pois estas gastavam parte do seu tempo relatando suas intimidades em folhas de papel. As formas de linguagem utilizada, as maneiras de narrar, as apropriações da língua, os diferentes tipos e níveis de alfabetização e as caligrafias são alguns dos aspectos que podemos estudar lendo as amareladas folhas encadernadas que sobreviveram ao teste do tempo e da reclusão.

O mesmo teste, inclusive, existe em relação às **cartas**, que, assim como os diários, são registros autobiográficos; a diferença é que seu destino é o outro, e não a si próprio no tempo. A expressão dos sentimentos, experiências e emoções, como informa Malatian (2013), teve uma expressão progressivamente mais relevante a partir do século XVIII, quando o hábito da troca de escritos ficou cada vez mais corrente nas sociedades europeia e americana.

As cartas eram de todos os tipos imagináveis: das quase óbvias cartas de amor até as cartas de pedidos, passando pelas cartas às famílias, as de amizade, as de censura, as de conselhos, as de louvor, entre muitas outras. Naturalmente, o aumento das cartas coincidiu com o aumento da escolaridade e, mais especificamente, com o aumento da alfabetização. Além disso, a própria ideia de arquivo, ou de arquivismo, foi essencial para que essas correspondências chegassem até nós tantos anos depois. A melhora dos serviços postais, o aumento da velocidade de tráfego (principalmente após a difusão dos barcos a vapor e do trem) também contribuíram sobremaneira com a troca de confissões entre as pessoas. Uma característica que também se modificou a partir do século XVIII foi a preferência das mulheres por esse tipo de comunicação. Agora em número muito maior de alfabetizadas, as mulheres passaram a ter predominância no envio e no recebimento de cartas.

No estudo das cartas, o historiador se deparará com o jogo sutil entre o público e o privado, como informa Malatian (2013). As cartas não são espontâneas; ao contrário, mostram o que querem que seja visto, ao mesmo tempo em que escondem o que não é aceitável aos olhos do destinatário. Elas mostram a vida privada de acordo com códigos de boas maneiras e, como informa Bakhtin (2011), dialogicamente, refletem a forma de leitura da sociedade. Não se pode ler uma carta do século XVIII imaginando espontaneidade ou total revelação da intimidade, porque a própria sociedade não agia assim (e não o faz até hoje) em qualquer convívio social. Além disso, os diferentes extratos sociais produziam diferentes tipos de carta, tendo em vista que seu grau de escolaridade e de reserva tendia a aumentar conforme se chegava mais perto da aristocracia.

De uma coisa, porém, podemos ter certeza: a grande maioria das cartas trazia implícito (por vezes, explícito) o desejo de continuar a conversa, ou seja, o desejo de resposta.

Outra característica interessante, como nos aponta Malatian (2013), é o cuidado com a **preservação das cartas**. Quanto maior a estima do remetente ao destinatário, maior era o cuidado com a preservação da carta. Ao contrário, caso o leitor não gostasse da carta, simplesmente a jogava fora. Em conspirações ou relações não aceitas pela sociedade, como no caso de amantes, as cartas podiam ter instruções para serem destruídas, queimadas ou jogadas fora imediatamente.

O progresso da utilização de cartas não pode se furtar da ideia do desenvolvimento de **suportes**. Segundo Chartier (1999), todo texto necessita de um suporte – nesse caso, papel e caneta (ou lápis). A partir do século XIX, teve início uma diversificação industrial de tipos de papeis, auxiliando, inclusive, na percepção da finalidade da carta, pois dados papeis eram utilizados para determinados tipos de comunicação, enquanto outros eram usados com propósitos diversos. As pessoas mais ricas contavam com timbres personalizados em seus papeis, que identificavam sua procedência antes da leitura do conteúdo. As decorações das cartas eram utilizadas em momentos de festa ou em convites de solenidades, assim como uma tarja negra poderia ser usada quando da notificação de falecimento. O posto das cartas pensadas são aquelas produzidas com folhas arrancadas de cadernos ou aquelas escritas em papel de embrulho ou retalhos, o que indicava, mais do que um componente social, um componente temporal, uma vez que a urgência pode indicar inúmeras coisas dentro de cada contexto.

Com um pouco de ajuda da filatelia, o historiador pode saber qual a origem de determinada carta no tempo e no espaço. Ou seja, com base no conhecimento do selo, é possível traçar a rota das cartas, principalmente se elas tiverem carimbos ou indicações dos correios. Caso não queira se preocupar com isso, ele pode facilmente recorrer a um especialista para sanar suas dúvidas. Os envelopes também indicam muito sobre a procedência das cartas, bem como seu conteúdo interno. Malatian (2013) chega a falar de fotos, recortes de jornais e até mesmo mechas de cabelo como lembranças do remetente para o destinatário. Nesse particular, Gay (2012) nos lembra que Sigmund Freud chegou a mandar envelopes com cocaína para sua noiva, uma vez que ele acreditava que a droga era um estimulante benéfico.

As cartas expressam aquilo que Bourdieu (2002) chama de *habitus*, ou seja, comportamentos, estilos de vida, julgamentos políticos, morais e até estéticos. Logicamente, esses julgamentos não vêm sozinhos: são acompanhados de ideias e ideais da sociedade, em um jogo entre o individual e o social que permeia todas as relações humanas. Nesse jogo, cabe ao historiador escolher momentos significativos, ao mesmo tempo da pessoa e da sociedade, para que consiga avaliar e revisitar o passado. Assim, o *habitus* vai ajudar o historiador a ordenar o que é social e o que é individual, mapeando as redes de sociabilidades nas quais os indivíduos estudados se inserem e percebendo a individualidade de cada um deles.

O primeiro passo, como informa Malatian (2013), é colocar as mãos nas cartas: parece ser um procedimento simples, mas o autor ressalta que não o é porque, em geral, familiares e amigos são muito reticentes em ceder cartas e informações íntimas do pesquisado. Há de se ter paciência e muito tato na negociação com os descendentes ou portadores das correspondências. Uma vez que as cartas estão nas mãos do pesquisador, ele deve fazer um levantamento dos destinatários e, com base quantitativa, verificar quem eram seus maiores interlocutores. Isso feito (e de preferência colocado em forma gráfica), é possível descobrir muito sobre as redes de sociabilidade e as formas de comunicação do período.

Assim como fazemos com qualquer outra fonte, as perguntas *quem?, quando?, onde?, por que?* e *como?* uma carta é escrita são as bases da descortinação do passado. As cartas são altamente subjetivas e, com elas, podemos perceber expressões, sentimentos, desejos e angústias não só de uma dupla de indivíduos, mas também de toda uma comunidade demarcada espaço-temporalmente. Como todo trabalho de historiador, porém, as cartas devem sempre ser confrontadas com outros documentos históricos e com outras fontes. Uma visão de contexto é – mais do que necessária – indispensável. O problema, ou a dificuldade, é a relação íntima demais entre o indivíduo-fonte e o historiador, que pode acreditar ser aquela a verdade, ou pelo menos a verdade parcial individual do escritor da carta, esquecendo-se do jogo de mostrar-esconder presente em toda comunicação humana. É necessário um distanciamento emocional e empático para que o historiador faça seu trabalho de forma autônoma e livre de preceitos ditados pelas cartas estudadas. Além disso, é interessante perceber a motivação por trás da escrita dessas cartas.

Um tipo clássico de cartas são as **cartas familiares**, nas quais é possível perceber a condição de produção, recepção e circulação. Saber como elas eram feitas, quais papeis eram utilizados, quais adornos decoravam suas bordas e quais eram suas intenções é tão interessante quanto saber como passavam de uma mão para outra, se o correio era utilizado, se era um mensageiro quem as carregava ou se eram depositadas em algum lugar, as regras de troca, sua periodicidade, os modos de ler e a forma de conservar as missivas. Relações familiares, de posse, de heranças e de tolerância e intolerância a determinados hábitos ou costumes ficam evidentes com a leitura de cartas de família, bem como as estratégias para manter a família unida ou segregar algum membro.

Outro tipo de troca de cartas, como Leite (2003) indica, são as **cartas entre intelectuais**. Nelas, o tom é, em geral, apenas profissional. Em alguns casos, uma ou outra revelação íntima é escrita, mas o conteúdo é formal, com projetos e estratégias de atuação. Nessas cartas, o historiador pode perceber mais do cotidiano intelectual do período estudado e, com isso, consegue descortinar modelos mentais e formas de atuação das elites pensantes. Uma vez que o assunto não é de foro íntimo, normalmente essas cartas expõem as posições políticas de seus escritores, que afirmam e reafirmam seus ideais individuais e sociais, além de suas visões de futuro para determinada comunidade em dado tempo, oferecendo ao historiador informações preciosíssimas para que ele possa reconstituir o passado.

Todo historiador, ou pelo menos a grande maioria deles, enxerga – antes de entrar na academia – os textos como o único artefato possível que permite abarcar a verdade histórica. Isso já foi comentado por praticamente todos os intelectuais citados neste livro. Mas devemos reafirmar que o texto escrito não é, definitivamente, a única fonte confiável. Existem outras tantas que podem e devem ser exploradas pelo pesquisador de história, como veremos na sequência.

Síntese

Neste capítulo, discutimos sobre o conceito de fonte e suas muitas "formas". Mais especificamente, vimos a desconstrução do mito de que fonte é apenas um registro em papel, assinado e vaticinado por grandes personalidades, demonstrando que as fontes mudam e a própria noção de *documento* altera-se sempre. Mostramos como trabalhar com os registros de eventos vitais, ou seja, nascimento, casamento e óbito, desde a sua gênese na Igreja até os dias atuais, com os computadores que registram nascimentos e óbitos em documentos oficiais. Relembramos que, depois de mortos, deixamos nossos testamentos ou nossos parentes precisam fazer o inventário de nossos bens e mostramos como lidar com esse tipo de documento tão comum e tão interessante.

Tratamos também sobre outra fonte interessantíssima – os registros criminais, bem como as formas de analisá-los. O que era considerado crime e as penas que estão descritas nesses documentos podem ajudar, sobremaneira, a compreender o passado. Vimos que os discursos de personalidades muito podem nos explicar sobre uma sociedade pretérita e que as cartas e as demais correspondências são fontes maravilhosas para entender determinada conjuntura, compreendendo a extensão de sua abrangência. Por fim, analisamos os diários, desde aqueles secretos, que só seriam lidos após a morte do escritor, até os diários de navegação, feitos para serem lidos e relembrados a todo tempo.

Atividades de autoavaliação

1. Muitas e preciosas análises podem ser feitas por meio dos registros de eventos vitais, que são:
   a) Casamento, procriação e morte.
   b) Nascimento, casamento e óbito.
   c) Nascimento, registro escolar e óbito.
   d) Registro escolar, casamento e divórcio.

2. No caso do Brasil, até 1915, tanto testamentos quanto inventários eram regidos pela lei de Portugal, chamada também de:
   a) Registro de Inventário Português.
   b) Ata de Morte.
   c) Ordenações Filipinas.
   d) Carta Lusitana.

3. No estudo histórico de um processo criminal, o historiador deve, primeiramente, atentar para:
   a) a factualidade do crime.
   b) a forma como o crime ocorreu.
   c) a noção do que era (e do que não era) crime na sociedade estudada.
   d) o Código Penal.

4. Um discurso pode (e deve) ser utilizado como fonte, desde que:
   a) seja interrogado à luz da conjuntura em que foi formulado, ou seja, sem acreditar que aquelas palavras representam a realidade.
   b) o historiador tenha uma cópia original do discurso.
   c) o discurso seja tratado como verdade absoluta para aquele período.
   d) as palavras no texto não ofendam as pessoas do período estudado.

5. Dois adventos contribuíram para a ascensão dos diários íntimos a partir do século XVIII. Foram eles:
   a) O crescimento da taxa de natalidade e de mortalidade.
   b) A ascensão da classe burguesa e a formalização da sociedade.
   c) O aumento da escolaridade feminina e o crescimento da taxa de natalidade.
   d) Ascensão da classe burguesa e o aumento da escolaridade feminina.

Atividades de aprendizagem

Questões para reflexão

1. Que tal agora você fazer uma busca na internet por textos do passado e tentar analisá-los à luz de hoje? Pegue um trecho de um discurso famoso, ou um testamento do século XVIII, ou, ainda, uma página de um diário. Como você analisaria esses documentos? Quais perguntas você faria para eles?

2. Com alguns colegas, encontre um processo penal e tente descobrir quais as noções de crime na sociedade e no tempo encontrados. Ao mesmo tempo, analise se a noção de crime do período estudado é a mesma de hoje.

Atividade aplicada: prática

Com a ajuda da internet, procure diferentes tipos de documentos provenientes de um mesmo tempo e local. Por exemplo, um testamento, um diário, um processo criminal e um inventário. Com base nesses documentos, tente articular como era a sociedade daquele período e quais as diferenças e semelhanças em relação à sociedade atual.

Capítulo 3
Fontes: a imagem
e o cinema

As imagens estão por todos os lados. Basta você olhar à sua volta e verá uma coleção delas em um raio minúsculo de distância. E isso não acontece apenas hoje. O homem sempre buscou colocar suas ideias e expressar seus sentimentos por meio de figuras pictóricas. Neste capítulo, tentaremos demonstrar como entender e inquirir esse tipo de fonte histórica, que contempla dois tipos de imagens: as estáticas e as dinâmicas, ou seja, os quadros que vemos nas paredes e as películas a que assistimos no cinema. Buscaremos entender como são construídas as análises específicas das obras de artes plásticas desde sua origem, das pinturas rupestres até os tempos atuais, com as imagens registradas pós-advento da fotografia. Veremos, também, quais perguntas fazer e que tipo de respostas podemos conseguir a partir de um filme, quais suas limitações e suas oportunidades.

(3.1)
A IMAGEM

A imagem parece perder espaço ante o texto escrito, mais canônico e de assimilação mais fácil. Como dissemos anteriormente, grande parte dos historiadores de outrora aceitavam apenas o texto-monumento escrito como fonte confiável. Entretanto, como Burke (2008) informa, a própria história não existiria (ou seria muito mais pobre) sem a ilustre presença de historiadores dispostos a estudar o **fenômeno imagético**. Como estudar a Pré-história europeia sem as pinturas de Lascaux?

Figura 3.1 – Pinturas de Lascaux

Everett - Art/Shutterstock

Pior, como estudar o Egito antigo sem entender as imagens que compunham seus enigmáticos textos? Ou as catacumbas romanas, que foram muito estudadas a partir do século XVII? E a tapeçaria de Bayeux, que nos contou, pictograficamente, como ocorreu a queda do Rei Harold da Inglaterra em forma de uma proto-história em quadrinhos? O que fariam os historiadores da tecnologia sem imagens que contassem como eram as máquinas e seu modo de funcionamento? Sim, as imagens têm muito a nos contar e, em diversos momentos, são mais elucidativas do que textos ou quaisquer outros meios e fontes historiográficos.

Figura 3.2 – Tapeçaria de Bayeux

Everett - Art/Shutterstock

O uso das imagens no processo de reconstrução do passado está cada vez mais presente, o que é possível de se verificar, principalmente, na reconstituição do cotidiano das pessoas, uma vez que tais imagens nem sempre eram feitas para durar. Uma imagem meramente desenhada não deveria ter o caráter de documento-monumento, visto que essa forma de guardar o passado não era assim entendida até muito recentemente, especialmente por meio da fotografia e dos estudos provenientes dessa modalidade de arte ou documento.

Outro ponto muito interessante, apontado por Burke (2008), é que não apenas o foco da imagem pode nos ensinar sobre o pretérito, mas também as coisas que estão no **entorno da figura principal**, seus meios de produção e de consumo. Por outro lado, não é fácil compreender imagens com tantos pormenores envolvidos. É preciso problematizar – como é feito com os textos escritos – cada uma das imagens ou cada série delas, para que possamos enxergar com mais nitidez aquilo que nos precedeu. Quando pintores ou fotógrafos criavam suas imagens, não o faziam tendo em mente os futuros historiadores, ou seja, muitas vezes faziam uma representação apenas para vender seu trabalho, e não para figurar na posteridade. Naturalmente, havia artistas que se importavam com a posteridade – basta ver o catálogo de imagens sacras, cuja posteridade era objetivada, ainda que não fosse a tônica central da maioria das representações.

Assim, podemos dizer que as representações de uma rua, por exemplo, não informam com exatidão como ela era. Peguemos o exemplo de uma cidade turística e suas fotografias. Qual fotógrafo iria fazer imagens de uma favela do Rio de Janeiro ou das mazelas de Paris para vender aos turistas? Para os turistas, apenas o melhor será retratado. O mesmo podemos dizer das pinturas retratistas. Muitas e muitas vezes os pintores "melhoravam" a aparência de seus retratados. **As imagens são simbólicas**, como já dizia Aumont (1993). Desde seu início religioso até as *"selfies"* tiradas a cada vinte minutos por adolescentes no século XXI, as imagens são uma representação do mundo e – ao mesmo tempo – daquilo que aquela pessoa ou grupo deseja para si e para os outros imediatamente postos.

Gombrich (1979) afirma que cabe ao espectador a **construção da imagem**. Isso quer dizer que a pessoa que faz a imagem não é a única a produzi-la, uma vez que aquele que olha para uma pintura, um desenho ou uma fotografia também é capaz de produzir significados a partir dela. O espectador, para Gombrich (1979), é um parceiro ativo da imagem, tanto do ponto de vista cognitivo, ou seja, da capacidade de enxergar isto ou aquilo no que lhe é mostrado, quanto do ponto de vista da emoção, pois uma imagem pode ou não ter algum enlace emocional com seu observador. E, caso haja envolvimento emocional, há também os níveis em que isso ocorre, desde uma breve lembrança interessante até a aura da obra de arte descrita por Benjamin (1994).

Berger (1999) também nos lembra que a maneira como enxergamos as coisas é afetada pelo que sabemos ou pelo que acreditamos. Assim, para que o historiador não entre no pior dos pesadelos, que é o anacronismo, deve sempre tentar entender a cultura envolta na obra. Como o próprio Berger (1999, p. 10) explicita: "na Idade Média, quando o homem acreditava na existência física do inferno, a visão do fogo deve ter significado algo diferente do que significa hoje".

Cabe a nós, historiadores, decifrarmos, então, a imagem e suas relações de produção imaginária, ou seja, tentar compreender os motivos que levaram o produtor da imagem a fazê-la daquela maneira, tendo em vista que a imagem é definida muito mais culturalmente do que tecnicamente.

O viés cultural de compreensão da imagem foi sabiamente definido por Panofsky (2002), que dividiu a interpretação de uma imagem em três níveis: primeiramente, o da **pré-iconografia**, que tenta enxergar os objetos e eventos contidos dentro da imagem, como as árvores, os prédios, as pessoas, as refeições, as procissões, as batalhas. Ainda segundo Panofsky, nessa fase, o historiador tenta ver um significado mais natural, mais imediato, daquilo que foi retratado.

O segundo nível de interpretação diz respeito ao **significado culturalmente aceito** de determinada obra ou imagem, como reconhecer a *Santa ceia* quando olhamos para um quadro em que, no centro, há um homem com características marcantes e, à sua volta, mais doze homens também marcantes. Muitas coisas podem ser alteradas nesse quadro, mas o espectador ainda consegue defini-lo como a última refeição de Jesus.

O último nível que Panofsky (2002) apresenta é o da **iconografia**: o historiador deve enxergar o significado intrínseco da obra, mediante o que podemos perceber as atitudes de determinada nação, período, crença ou classe por meio do que foi retratado. Para o estudioso, esse é o principal foco de análise de um historiador, haja vista que abre um enorme leque de possibilidades para a compreensão do que ocorreu no passado, e esse mesmo foco pode ser correlato ao já informado aqui, com a experiência, a interpretação e a orientação.

Panofsky (2002) defende que toda e qualquer imagem pertence a uma cultura, faz parte dela. Ele, inclusive, diz que a imagem da *Santa Ceia*, por exemplo, descolada da cultura judaico cristã, nada mais é do que a representação de um jantar feliz entre amigos. Da mesma forma, a tela *O estupro de Lucrécia*, de Ticiano, é incompreendida na sua totalidade pelas pessoas que são ignorantes da história narrada por Tito Lívio, quando Lucrécia conserva sua virtude ao cometer o suicídio.

Figura 3.3 – *A última ceia*, de Leonardo da Vinci

DA VINCI, L. **A última ceia**. 1495-1497. Técnica mista com predominância da têmpera e óleo sobre duas camadas de preparação de gesso aplicadas sobre reboco, 460 cm × 880 cm. Santa Maria delle Grazie, Milão, Itália.

Figura 3.4 – *O estupro de Lucrécia*, de Ticiano

TICIANO. **O estupro de Lucrécia**. 1568-1571. Óleo sobre tela, 189 × 145 cm. Fitzwilliam Museum, Cambridge, EUA.

3.1.1 Os eventos cotidianos

Mas não apenas de grandes feitos (como a última janta de Jesus ou o suicídio de Lucrécia) são feitas as imagens durante a história. Na verdade, a maior parte das imagens que existem, tanto atualmente quanto no passado, refere-se a **eventos cotidianos**, banais até. Mas são esses eventos que podem ser os mais interessantes para os historiadores. Burke (2008) alega que as imagens são especialmente valiosas na reconstrução da cultura cotidiana das pessoas comuns, uma vez que demonstram onde moravam, como moravam, seus utensílios, sua forma de olhar e prever o mundo. Um simples olhar nas vestimentas ao longo do tempo histórico estabelece uma série de relações que o pesquisador pode determinar, afinal, o vestuário é uma das maiores expressões da cultura de um povo, e a forma como esse vestuário se modifica ao longo do tempo diz muito sobre as mentalidades vigentes. Nas duas imagens a seguir, vemos as diferenças das roupas que Velázquez pintou no século XVII e as que Toulouse-Lautrec pintou cerca de 200 anos depois.

Figura 3.5 – *A rendição de Breda*, de Diego Velázquez

VELÁZQUEZ, D. **A rendição de Breda**. 1634-1635. Óleo sobre tela, 307 cm × 367 cm. Museo Nacional del Prado, Madrid, Espanha.

Figura 3.6 – *Dança no Moulin Rouge*, de Henri de Toulouse-Lautrec

TOULOUSE-LAUTREC, H. **Dança no Moulin Rouge**. 1889-1890. Óleo sobre tela, 115,6 cm × 149,9 cm. Philadelphia Museum of Art, Philadelphia, EUA.

Uma das características mais interessantes do testemunho das imagens é que elas podem comunicar facilmente um processo complexo, que talvez fosse mais difícil definir apenas por meio de palavras. Além disso, como dissemos, o texto requer uma abstração maior e mais conhecimento do período estudado. Apenas a título de exemplo, nas duas imagens apresentadas (Figuras 3.5 e 3.6), seria possível incluir textos indicando que os homens usavam casacos pesados. Mas, olhando para ambas as pinturas, percebemos que os casacos são completamente diferentes. O mesmo diríamos dos chapéus e das barbas.

3.1.2 As estruturas internas

Outro ponto fascinante para o estudioso é tentar compreender as **estruturas internas das casas** onde viviam as pessoas do passado. Para isso, podemos observar a tela de Jan Steen, que mostra o interior de uma casa do século XVII.

Figura 3.7 – *Celebração do nascimento*, de Jan Steen

STEEN, J. **Celebração do nascimento**. 1664. Óleo sobre tela, 89 × 109 cm.
Coleção Wallace, Londres, Reino Unido.

A cultura material aparece muito claramente nessa imagem: podemos ver o tipo do piso da casa, suas cadeiras, seus pratos, seus utensílios e até mesmo um pouco da alimentação à época.

3.1.3 As crianças

Outras questões da sociedade também podem aparecer – e transparecer – nas obras de arte. A **forma como as crianças são retratadas** ao longo do tempo permite ao historiador compreender um pouco da história da infância, como faz Ariès (1981). Uma das muitas metodologias utilizadas por esse renomado historiador foi justamente a compreensão das imagens de crianças do período medieval até a contemporaneidade. Isso foi motivado também pelo fato de as crianças terem menor importância nos documentos "oficiais"; muitas vezes, elas sequer são citadas. Assim, novas formas de buscar esse conhecimento foram desenvolvidas – entre elas, o estudo das imagens. William Hogarth, talvez o mais famoso pintor inglês, fez diversos retratos de crianças no século XVIII, como *As crianças Graham*.

Figura 3.8 – *As crianças Graham*, de William Hogarth

HOGARTH, W. **As crianças Graham**. 1742. Óleo sobre tela, 160,5 × 181 cm. The National Gallery, Londres, Reino Unido.

A forma como o pintor retratou as crianças informa muito sobre suas vestimentas, suas poses de "pequenos adultos" e até mesmo seus animais de estimação, como o pássaro na gaiola e o gato a espreitá-los. Diz também sobre a musicalidade daquela época e os adornos da casa, além de uma série de outras inferências que podem ser feitas. Da mesma forma, *Rosa e azul*, de Renoir, que atualmente pertence ao acervo do Masp, em São Paulo, revela muito sobre as formas de ser e viver das crianças na Europa no fim do século XIX.

Figura 3.9 – *Rosa e azul*, de Pierre-Auguste Renoir

RENOIR, P. **Rosa e azul**. 1881. Óleo sobre tela, 119 cm × 74 cm. Museu de Arte de São Paulo, São Paulo, Brasil

    Cabe ao historiador tentar enxergar além do que os olhos "normais" enxergam e, ao casar a imagem com outros documentos da época, reescrever aquele pedacinho do passado. Até o século XIX, as crianças, como dissemos, são muito mais facilmente estudadas por meio das imagens do que com base em textos. A imagem da Figura 3.9 transmite diversas coisas, como a pomposidade da cena, a seda utilizada nos vestidos das garotas e a opulência manifestada pela pesada cortina atrás delas. Burke (2008) complementa que devemos sempre ir além do óbvio, além daquilo que a imagem está mostrando explicitamente; nesse sentido, uma visita ao Masp nos informa que a irmã menor, Alice Cahen d'Anvers, tinha cinco anos de idade quando o retrato foi feito, em 1881, e viveu até os 89 anos. Sua irmã mais velha, Elisabeth, retratada aos seis anos de idade, casou-se duas vezes e converteu-se ao catolicismo, mas mesmo assim foi enviada para Auschwitz, onde nunca chegou porque faleceu no caminho, com 69 anos, em março de 1944.

Esse tipo de história e reflexão, bem como a informação de que a família Cahen d'Anvers tinha mais uma filha, Irene, que também foi pintada por Renoir, faz com que o historiador consiga ter uma visão melhor, mais ampla e holística a respeito da imagem retratada e, principalmente, sobre o mundo que cercava as personagens.

3.1.4 As mulheres

Outro tipo de história difícil de resgatar por meio de documentos oficiais é a **história das mulheres**. Burke (2008, p. 133) chega a dizer que "o silêncio dos documentos oficiais estimulou historiadores de mulheres a voltarem-se para imagens que representam atividades às quais as mulheres se dedicaram em diferentes lugares e épocas". Essas atividades incluíam informações sobre o trabalho feminino, como em *Olympia*, de Manet, por exemplo, que mostra a idealização da mulher, com a moça nua, e o trabalho realizado pela escrava negra, que estava ali para servi-la e tinha intimidade suficiente para estar presente no quarto no momento idealizado pelo autor da obra.

Figura 3.10 – *Olympia*, de Édouard Manet

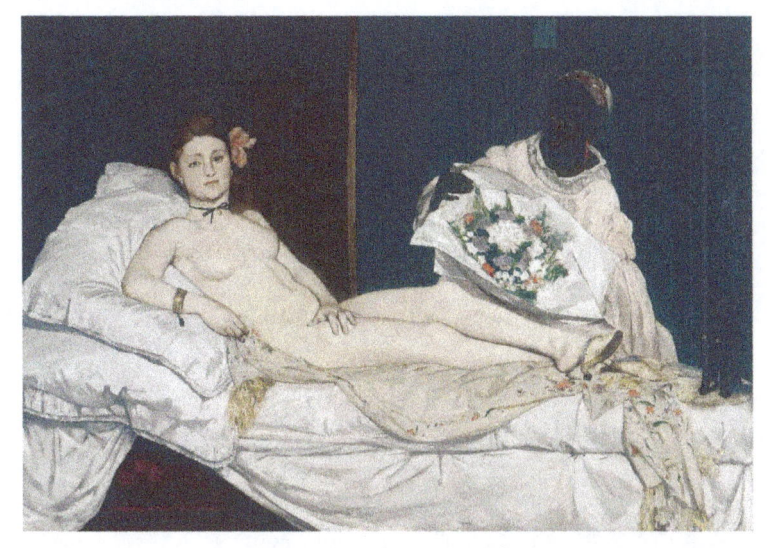

MANET, E. **Olympia**. 1863. Óleo sobre tela, 130 × 190 cm.
Musée d'Orsay, Paris, França.

    Outra obra que retrata o trabalho feminino e a degradação da França no fim do século XIX é o famosíssimo *Un Bar aux Folies-Bergère*, também de Manet, mostrando a atendente do bar em sua profissão, com certo desgosto, certa desilusão por estar ali. Essa obra, que é a última do mestre impressionista, revela muito mais do que uma mera "garçonete". Podemos perceber, além dela, toda sorte de objetos, bebidas, utensílios, vestuários e, principalmente, mudanças culturais. Uma mulher trabalhar em um bar servindo mesas era inadmissível para a mesma Paris 50 anos antes desse retrato e, com certeza, era muito difícil de se encontrar em outras regiões do globo naquele mesmo instante. Assim, essa obra retrata – como todas as demais obras – um instante fugidio no espaço e no tempo.

Figura 3.11 – *Un Bar aux Folies-Bergère*, de Édouard Manet

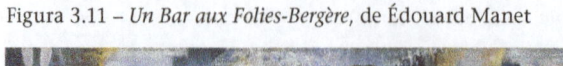

MANET, E. **Un Bar aux Folies-Bergère**. 1882. Óleo sobre tela, 96 cm × 130 cm. Instituto Courtauld, Londres, Reino Unido.

A relação entre uma mulher e seus filhos também não pode ser descartada, aparecendo em milhares de obras espalhadas espaço-temporalmente, como a imagem de Gustav Klimt, pintada pouco antes de sua morte, em 1912, que retrata a passagem do tempo. Nessa imagem (Figura 3.12), já influenciada pela fotografia, percebemos uma mulher (ou todas as mulheres) em três estágios da vida, da direita para a esquerda: criança, apogeu e velhice.

Figura 3.12 – *Three Ages of Woman*, de Gustav Klimt

KLIMT, G. **Three Ages of Woman**. 1905. Óleo sobre tela, 180 × 180 cm. Galleria Nazionale d'Arte Moderna e Contemporanea, Roma, Itália.

Anos antes, ainda no século XVIII, Joshua Reynolds, famoso retratista inglês, pintou o papel da mulher que cuidava de seus vários filhos (Figura 3.13).

Figura 3.13 – *Lady Cockburn and her Three Eldest Sons*, de Joshua Reynolds

REYNOLDS, J. **Lady Cockburn and her Three Eldest Sons**. 1773. Óleo sobre tela, 141,5 × 113 cm. The National Gallery, Londres, Reino Unido.

O pesquisador atento vai perceber que, nessa imagem, muitas alegorias são colocadas, além da mulher (Lady Cockburn) e das crianças. Temos a arara representando o exótico, o diferente. Ao mesmo tempo, todo o restante da composição é uma clara alusão à *Caridade*, pintada mais de 100 anos antes pelo pintor holandês Van Dick, o que revela uma tradição que também deve ser entendida pelo historiador.

A pintura de Reynolds não se originou sozinha; ao contrário, remete a um quadro anterior e o ressignifica para uma nova obra, dessa vez inspirada em uma senhora burguesa.

Figura 3.14 – *Caridade*, de Antoon Van Dyck

VAN DYCK, A. **Caridade**. 1627-1628. Óleo sobre tela, 148,2 × 107,5 cm. The National Gallery, Londres, Reino Unido.

Nesse caso, ainda que as pinturas sejam muito similares em estrutura, seus contextos e significados são muito diferentes. A pintura de Reynolds é uma homenagem e, fora isso, vemos apenas uma cena relativamente simples e cotidiana, entre uma mulher e seus três pequenos filhos. A obra de Van Dyke é um tanto mais complexa e mostra a Virtude como mãe de três filhos por meio de uma interpretação dos escritos de São Tomás de Aquino; ou seja, há uma relação direta entre a senhora Reynolds e a Virtude. Essa relação vai além do quadro e da pintura, seguindo para a interpretação histórica do período, bem como da representação feminina.

Outra coisa interessante que o historiador pode fazer é **ir além da representação e pesquisar a produção**. Quando analisamos o papel feminino na história, temos que considerar também as mulheres que produziram arte. Nesse caso, podemos destacar diversas personagens femininas que estavam por trás das pinturas, ou seja, as senhoras que pintavam os quadros, como Giovanna Garzoni, Elisabetta Sirani, Sofonisba Anguissola e, principalmente, Artemísia Gentileschi, pintora de grande expressão no período barroco (a primeira mulher a ser aceita na Academia de Belas Artes de Florença), que dedicou grande parte de sua obra aos temas trágicos que permeavam as heroínas que ela retratava. A pintora, em geral, retratava mulheres fortes que reagiam ao poder masculino e às injustiças. Para tanto, não se furtava de colocar sangue e violência em suas obras, como na mais famosa, *Judith decapitando Holofernes*, que conta a história bíblica da mulher que decapitou o destruidor de seu lar.

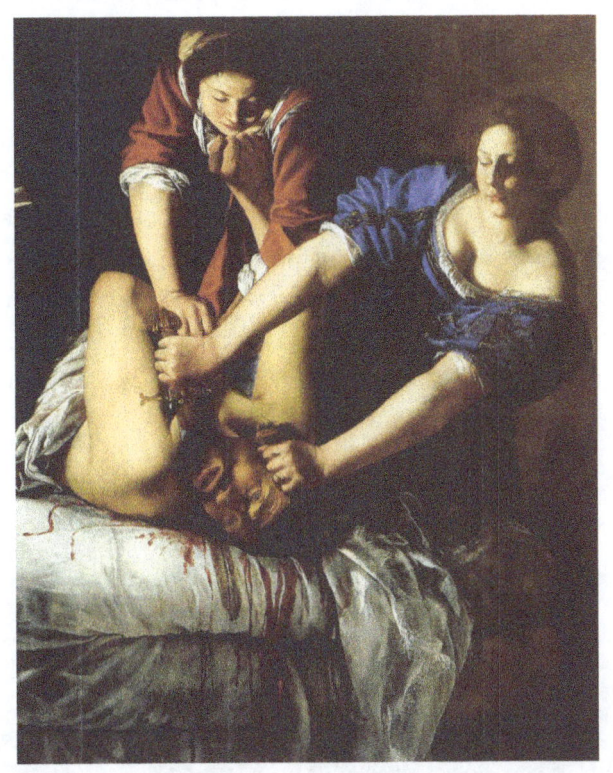

Figura 3.15 – *Judith decapitando Holofernes*, de Artemísia Gentileschi

GENTILESCHI, A. **Judith decapitando Holofernes**. 1611-1612. Óleo sobre tela, 158,8 × 125,5 cm. Museo di Capodimonte, Napoli, Itália.

Novamente chamamos a atenção do pesquisador para que ele entenda como esse quadro foi efetivamente produzido, considerando seu tempo histórico: para estudar essa obra, é necessário cruzar dados com outros documentos e descobrir como as mulheres eram entendidas na Itália renascentista e barroca. Lembremos que uma obra só chega aos olhos do público quando há a possibilidade de que isso ocorra. Se Gentileschi foi capaz de mostrar sua genialidade, também o foram Da Vinci, Ticiano e Dalí. E essa possibilidade de destaque pode ser cultural, social e política. Uma obra (ou um artista) não se destaca na multidão se não houver eco na sociedade.

3.1.5 O PODER E A POLÍTICA

Toda imagem, seja ela um quadro, seja uma fotografia, seja uma escultura, tem **fins políticos**. Ao fim e ao cabo, até mesmo a capacidade de criação passa por essa esfera. Os ideais humanos não raro são representados por telas que remetem ao poder e à política. A própria noção de liberdade quase que naturalmente está associada à imagem que Delacroix construiu em 1830.

Figura 3.16 – *A liberdade guiando o povo*, de Eugène Delacroix

DELACROIX, E. **A liberdade guiando o povo**. 1830. Óleo sobre tela, 260 × 325 cm. Musée du Louvre, Lens, França.

Nessa imagem, que representa a Revolução de 1830, na França, e está associada à queda de Carlos X, temos a Liberdade retratada como meio deusa (tal qual a estátua da Vitória grega) e meio mulher do povo. Além da mulher/deusa, podemos ver também o próprio povo, ora como burguês, de cartola e gravata borboleta, ora como trabalhador mais humilde. O interessante é que, na maioria das vezes, essa pintura está associada à Revolução Francesa, mas a inspiração e a própria realização da obra não se originaram daí, o que a torna ainda mais interessante para o pesquisador, pois ele pode estudar tanto o trabalho de criação de Delacroix, e entender as causas que o levaram a utilizar esses elementos pictóricos, quanto a recepção da obra, ou seja, tentar perceber como os cidadãos franceses contemporâneos a ela a interpretarem ou mesmo como os atuais habitantes do país a interpretam. Afinal, o historiador deve olhar para ambos os lados, o da produção e o do consumo, para conseguir compreender o todo.

3.1.6 Os governantes

As imagens de indivíduos também são interessantíssimas de serem estudadas. Como diz Burke (2008), o pintor, ao retratar uma pessoa, deveria tornar concretos, com suas tintas, valores e ideias abstratas, para que o retratado ficasse maior, mais altivo e melhor – o retratado se tornaria praticamente um herói.

Nesse sentido, as **imagens de governantes** talvez sejam as mais estudadas da Antiguidade, como nos informa Burke (2008). Na Figura 3.17, vemos a estátua do Imperador Augusto. Nela, podemos perceber como a altivez era importante, pois mostrava a todos que Augusto era um vencedor: ele usa uma armadura e segura uma lança enquanto levanta a mão como se estivesse proclamando a vitória. É interessante notar também que o Imperador está descalço, o que, no período, servia para associá-lo a um deus.

Figura 3.17 – Estátua do Imperador Romano Augusto, artista desconhecido

ESTÁTUA do Imperador Romano Augusto. Encontrada em 1863. Museu do Vaticano, Roma, Itália.

Como as imagens são muito mais presentes do que a pessoa de carne e osso, as pessoas, na época, tinham a percepção de que Augusto nunca envelhecia, visto que a estátua permanecia sempre a mesma. E isso não é um fato apenas daquela época. Até hoje essa imagem é associada a esse imperador romano, ainda que, como todos os seres humanos, ele tenha envelhecido bastante antes de morrer.

Outro exemplo da força que provocam no imaginário popular são as imagens de D. Pedro I e D. Pedro II. Muitas vezes, as crianças e até mesmo os adultos pensam que D. Pedro II veio *antes* de D. Pedro I quando as imagens são mostradas. Isso porque, na principal representação que temos de D. Pedro I, ele é retratado como um jovem, enquanto a principal imagem de D. Pedro II o retrata na sua velhice.

Figura 3.18 – *Imperador do Brasil*, de Simplício Rodrigues Sá

RODRIGUES SÁ, S. **Imperador do Brasil**. 1826. Óleo sobre tela, 50,7 × 38,8 cm.
Museu Imperial, Petrópolis, Brasil.

Figura 3.19 – *Retrato de D. Pedro II*, de Delfim da Câmara

CÂMARA, D. **Retrato de D. Pedro II**. 1875. Óleo sobre tela, 127 × 95 cm. Museu Histórico Nacional, Rio de Janeiro, Brasil.

Interessante perceber, desse modo, com base nas ideias de Chartier (1999), que não apenas as imagens dos homens ajudam o historiador, mas, principalmente, o que está associado a elas. O historiador francês lembra que, em geral, em tempos de paz, o monarca está associado a livros, produtos que mostram o caráter de erudição do governante, como vemos na imagem em que um livro (*La Consolation de la Philosophie*) é dado de presente ao Rei Felipe, o Belo.

Figura 3.20 – *La Consolation de la Philosophie*, de Boethius

BOETHIUS. **La Consolation de la Philosophie**. Século XV. Bibliothèque Municipale de Rouen, Rouen, França.

Em tempos de guerra, normalmente, o governante é posicionado como um grande guerreiro e associado a armas, cavalos e afins, como podemos ver na imagem feita por Jacques-Louis David, em 1801, em que Napoleão Bonaparte está em cima de seu cavalo e com a espada em seu cinto, pronto para a guerra.

Figura 3.21 – *Napoleão cruzando os Alpes*, de Jacques-Louis David

DAVID, J. **Napoleão cruzando os Alpes**. 1801-1805. Óleo sobre tela, 261 × 221 cm. Castelo de Malmaison, Rueil-Malmaison, França.

Mesmo em tempos de paz, dentro do seu gabinete, Napoleão era retratado perto de elementos que remetessem à guerra, como uma espada ou medalhas militares. Essa composição tinha como meta lembrar aos súditos do monarca que ele era um grande conquistador, pois levou a França ao *status* de maior potência mundial. O historiador nunca deve esquecer que a pintura, o retrato, as representações, sempre dialogam com o tempo em que foram feitas e com as pessoas que ali estavam presentes.

Figura 3.22 – *O Imperador Napoleão em seu estúdio nas Tuilleries*, de Jacques-Louis David

DAVID, J. **O Imperador Napoleão em seu estúdio nas Tuilleries**. 1812. Óleo sobre tela, 203,9 × 125,1 cm. National Gallery of Art, Washington, EUA.

Outra questão interessante a ser abordada é a da *iconoclastia*. O termo, que se origina do século VIII e explicita o movimento de contestação de ícones religiosos, pode ser utilizado até hoje por pessoas ou instituições que se preocupam com a propagação de determinadas imagens. Para esse grupo de pessoas, o valor carregado pelas imagens é muito grande para que elas andem "livremente" na cabeça e nos olhos das pessoas. Isso quer dizer que o pesquisador, ao se confrontar com uma imagem, deve tentar entender que, ao mesmo tempo em que certas pessoas a apreciam, existem outras que a odeiam; em muitos casos, o sentimento se deve ao simples fato de a imagem existir, enquanto, em outros tantos, deve-se ao medo da política envolto nas imagens, haja vista que, certamente, elas passam valores e ideias.

3.1.7 A propaganda política

Um dos principais usos das imagens é, justamente, a **propaganda política**. Basta olhar os cartazes de convocação da Primeira Guerra Mundial para percebermos como a sociedade daquela época enxergava a ideia da guerra, do domínio e até mesmo a noção do que era ser um homem, como podemos ver nas imagens seguintes, respectivamente, dos Estados Unidos, da Inglaterra e da Alemanha.

Figura 3.23 – Convocação americana para a Primeira Guerra Mundial, de James Flagg

FLAGG, J. **Convocação americana para a Primeira Guerra Mundial.** 1917. Cartaz.

Figura 3.24 – Britons wants you, de Alfred Leete

LEETE, A. **Britons wants you.** 1914. Cartaz.

Figura 3.25 – Cartaz austríaco do período da Primeira Guerra Mundial, de Alfred Roller

ROLLER, A. **Cartaz austríaco do período da Primeira Guerra Mundial.** 1917. Cartaz.

O caráter impositivo sempre esteve associado à guerra e a seus mandatários. Ainda assim, os cartazes eram muito populares antes da invenção da televisão, sendo talvez o meio de comunicação mais rápido e eficiente do período, dada a facilidade de confecção e distribuição nas cidades. Mesmo na Segunda Guerra Mundial, quando o cinema já era muito difundido, havia diversos cartazes com mensagens impositivas, como o que mostramos a seguir, que diz claramente que a culpa da guerra (e, portanto, das mazelas pelas quais passavam o povo alemão no período) era dos judeus.

Figura 3.26 – A culpa é dos judeus, de Ministério da Propaganda Nazista

MINISTÉRIO da Propaganda Nazista. **A culpa é dos judeus**. 1939. Cartaz.

Novamente aparece o dedo em riste, dessa vez não mais para convocar, mas sim para apontar, delatar, acusar. Podemos perceber que, no período, esse tipo de gesto era muito significativo, pois acusar o outro, o diferente, era uma forma de afirmação. Será que isso mudou nos dias de hoje? Como o pesquisador pode trazer esse cartaz para o hoje e pensar nele para o amanhã? Como pode, diante desse cartaz, ou de uma série de cartazes semelhantes, compreender melhor a consciência histórica? A **análise pictográfica**, com a ajuda de ciências auxiliares – como a semiótica e o *design* –, pode ajudar, e muito, a desatar esse nó.

3.1.8 A PUBLICIDADE

A partir das análises de Burke (2008), podemos dizer que as imagens da **publicidade** são de extrema importância na composição de elementos perdidos da cultura material, sobremaneira no século XX, que é claramente o mais publicitário de todos os tempos até então. Como diz Berger (1999, p. 131), "em nenhuma outra forma de sociedade, na História, houve uma tal concentração de imagens, uma tal densidade de mensagens visuais". Tal publicidade tem início justamente com os pôsteres, que surgiram no fim do século XIX com o mecanismo da litografia colorida em tamanho grande.

Mesmo que a questão deste livro não seja a história da técnica e da tecnologia, é interessante destacar que as mudanças tecnológicas imprimem outra dinâmica na sociedade. Por exemplo, ainda segundo Burke (2008), podemos dizer que, no início do século XX, as ruas das grandes cidades estavam tomadas por cartazes de toda sorte, quando os publicitários (profissão criada também no início do século XX) começaram a se interessar pela psicologia dos consumidores. Lembrando que a própria psicologia foi "fundada" por Freud no fim do século XIX, podemos dizer que a publicidade sempre esteve colada às ciências cognitivas, pois elas fornecem subsídios para uma melhor absorção de conhecimentos acerca de seu alvo – no caso, consumidores de produtos. Importante destacar, também, que a publicidade e suas imagens existem não com um caráter documental (não foram forjadas para servir a um estudo posterior), mas sim em virtude de uma necessidade simples e imediata: vender um produto ou serviço. Por mais que algumas imagens tenham ficado para a posteridade como obra de arte, como os cartazes de Toulouse Lautrec para o Moulin Rouge, quando de sua criação eram apenas mais uma publicidade para um bar onde certas garotas dançavam enquanto homens bebiam e se divertiam.

Figura 3.27 – Cartaz para o baile no Moulin Rouge, de Henri Toulouse-Lautrec

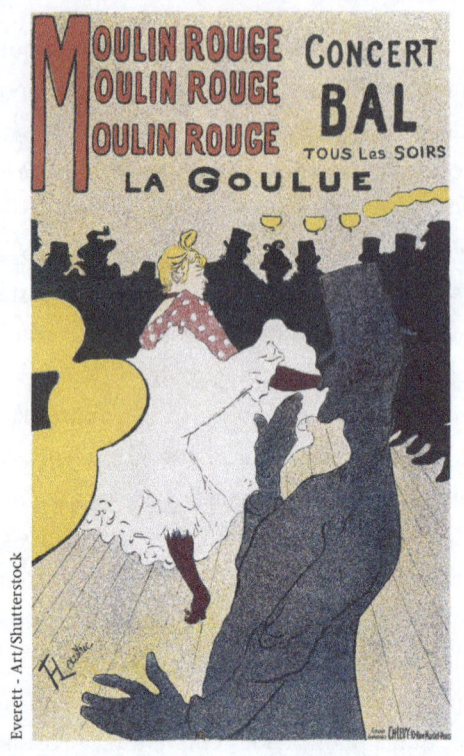

TOULOUSE-LAUTREC, H. **Cartaz para o baile no Moulin Rouge**. 1891. Litografia. Indianapolis Museum, Indianapolis, EUA.

O mesmo podemos dizer dos cartazes do grande artista Mucha para a empresa de Cycles Perfecta, que vendia bicicletas. Por mais que sejam obras de arte reconhecidas, quando foram produzidas, essas peças tinham como finalidade vender mais bicicletas. Assim, o historiador deve sempre estar atento às implicações da arte na vida cotidiana e também às implicações da vida cotidiana na arte. No caso específico de Alphonse Mucha, seu trabalho cotidiano conseguiu atravessar as gerações.

Figura 3.28 – Cycles Perfecta, de Alphonse Mucha

MUCHA, A. **Cycles Perfecta.** 1902. Litografia, 66,5 × 49,7 cm.

3.1.9 Os rótulos e as embalagens

Outra manifestação artística de grande importância, e que pode ser útil para o pesquisador que deseja compreender o ontem, são os **rótulos de produtos** e embalagens. De certa forma uma derivação dos cartazes, os rótulos de produtos, como informa Rezende (2005), ajudam a compreender a enorme quantidade de materiais gráficos existentes em um período pré-fotografia. No caso do Brasil, mais especificamente, é interessante notar como existe uma mútua influência entre aquilo que era feito no país (agrário) e o que era feito na Europa (industrial). Além disso, muitos dos artistas responsáveis pelo desenvolvimento desse tipo de produto eram estrangeiros, o que tornava o intercâmbio ainda maior.

Ainda segundo Rezende (2005), um dos maiores criadores de rótulos do fim do século XIX foi Rafael Bordallo Pinheiro, que, entre muitos outros rótulos, criou o de uma fábrica de chocolates carioca (Figura 3.30). Esses rótulos eram muito importantes para os brasileiros porque difundiam ideias de forma muito rápida: eram facilmente criados e impressos quase ao mesmo tempo em que eram desenhados.

A sociedade da época era, em sua maioria, analfabeta. Por causa disso, a comunicação não poderia se valer apenas de palavras (ou poderia, mas atingiria muito menos público, o que era indesejável para um produto de apelo comercial maciço, como chocolate ou café, por exemplo). Rezende (2005, p. 40) relata que "qualquer meio de comunicação que prescindisse da leitura encontraria maior penetração ou repercussão do que aquele que dependesse somente da escrita".

Figura 3.29 – Chocolate, de Rafael Bordallo Pinheiro

PINHEIRO, R. B. **Chocolate**. ca. 1875. Embalagem. Coleção da Imperial Fábrica de Chocolates.

Sabendo disso, o historiador começa a se preocupar também com a parte iconográfica, como dissemos. Afinal, muito do que nossos antepassados faziam por meio das imagens era justificado pelo analfabetismo da população. Além disso, podemos afirmar que, até hoje, você que está lendo este livro (e, portanto, é uma pessoa alfabetizada) também se orienta muito pelas imagens que perpassam o mundo.

3.1.10 A FOTOGRAFIA

No século XIX, com a **invenção da fotografia**, o mundo ficou ainda mais visual, como informou Benjamin (1994) no seu mais famoso ensaio: "A obra de arte na era de sua reprodutibilidade técnica". Nesse texto, o frankfurtiano descreve como a arte mudou toda a sua orientação e perspectiva a partir da invenção – e, principalmente, da popularização – dessa nova forma de arte. Benjamin (1994, p. 167) relata que, com a fotografia, "pela primeira vez no processo de reprodução da imagem, a mão foi liberada das responsabilidades artísticas mais importantes, que agora cabiam unicamente ao olho". Assim, não era mais preciso a habilidade manual conquistada ao longo de anos e anos de treinamento para criar uma peça de arte. Agora, bastava ajeitar a lente correta e apertar um botão. A arte ficou mais simples? Não! Mas ela com certeza modificou-se. A arte não carecia mais da mão. Ao contrário, carecia dos olhos. É a forma de olhar que faz da fotografia uma arte. Ao mesmo tempo, ela libertou artistas como Pablo Picasso ou Salvador Dalí, para que eles expusessem ao público o que estava dentro de suas cabeças, como a violência da guerra mostrada em Guernica, de 1937.

Figura 3.30 – *Guernica*, de Pablo Picasso

PICASSO, P. **Guernica**. 1937. Óleo sobre tela, 349 × 776 cm. Museo Nacional Centro de Arte Reina Sofia, Madri, Espanha.

Com a popularização da fotografia, mais e mais pessoas iniciaram suas carreiras de fotógrafos. Com o clique ao alcance da mão de tantos indivíduos, a noção imagética da sociedade se ampliou de forma nunca antes vista, dando ao pesquisador uma gama gigantesca de fontes para trabalhar quaisquer temas, desde que eles tenham sido, de alguma forma, documentados por meio de imagens fotográficas.

Porém, o investigador histórico deve sempre se ater ao fato de que as imagens não são nunca um retrato fiel da realidade posta no momento do disparo do obturador. Ao contrário, como alerta Barthes (2012), são formas de olhar o mundo intrinsecamente pertencentes ao fotógrafo – ou seja, **nenhuma foto é isenta ou neutra**, pelo contrário, cada fotografia revela as ideias e os ideais do indivíduo que a produziu. Flusser (2011) chega a afirmar que é a câmara que nos move em direção à fotografia, e não o contrário; ou seja, nossa atração é tão individualizada que não escapamos da tentação das câmeras.

De qualquer forma, toda fotografia conta uma história. Mas trata-se de uma história contada do ponto de vista de quem fotografou, não de quem serviu como modelo ou das coisas ao redor. Para exemplificar esse conceito de uma forma muito simples, imagine um confronto entre manifestantes e policiais. Se o fotógrafo está na linha de frente com os policiais, a fotografia mostrará militantes raivosos, armados com paus e bandeiras, prontos para o confronto. Se, por outro lado, o fotógrafo estiver com os manifestantes, a fotografia revelará um conjunto de policiais armados com cassetetes e bombas dispostos a agredir os que se manifestam. Novamente ressaltamos: **a fotografia não é um relato fidedigno**, pois toma partido no momento em que mostra isto ou aquilo em seu enquadramento. A fotografia é apenas mais uma representação da realidade.

Assim, podemos dizer que todas as metodologias adotadas para o estudo das fontes impressas também devem ser utilizadas para as imagens fotográficas, ou seja, o historiador deve identificar corretamente a fotografia, saber a qual período ela se refere e o que estava acontecendo naquela parte do mundo no momento em que o *click* foi feito. Deve também interpretar a fotografia, visto que, como dissemos, ela não surge espontaneamente (muito pelo contrário), é fruto da mente de um homem específico. Cumpridas ambas as etapas, o pesquisador deve fazer uma pergunta para a fotografia e ela deve ajudar a responder mais sobre aquele período ou fato que se tenta compreender.

Lima e Carvalho (2013) dizem que um dos principais aspectos que possibilitou a proliferação da fotografia é justamente seu **baixo custo**. Fotografar, a partir do século XX, era um *hobby* relativamente barato e, por isso, possibilitava que muitas pessoas tirassem fotografias por onde quer que andassem. Essa característica só fez aumentar os bancos de imagens de institutos de restauro e de museus. Além disso, a rapidez com que as imagens eram produzidas era sedutora. Mesmo no início do século, poderíamos ter uma fotografia revelada em menos de uma semana. Foi essa velocidade que ajudou fotógrafos profissionais e amadores de todo o mundo a produzir e divulgar fotogramas de diversas naturezas, especialmente em momentos críticos, como guerras ou pequenas convulsões sociais, que acabaram por criar uma categoria fotográfica (e uma profissão) à parte, intitulada *fotojornalismo*. Destacamos, nessa perspectiva, que não só em guerras e momentos cruciais o cotidiano passou a ser mais fotografado. Lembremos que mandar fazer um retrato com um pintor profissional era algo caríssimo até o século XIX. Uma fotografia – mesmo no século XIX – era muito mais barata. E, no século XX, o custo era tão baixo que, em princípio, qualquer pessoa poderia ter seu retrato. Na maioria dos países, o retrato era obrigatório em uma série de documentos já no alvorecer do século XX. Apenas a título de curiosidade, em 1851, na França, a fotografia era exigida nas licenças de habilitação para direção de veículos de tração animal, como informa Gernsheim (1967).

Além disso, a fotografia foi a principal divulgadora das cidades no fim do século XIX e início do século XX. O imaginário das pessoas da época acerca de locais e monumentos era moldado, principalmente, em função das imagens fotográficas, como lembra Flusser (2011). Um fato muito interessante, nesse contexto, é lembrar que, aqui no Brasil, a revista *O Cruzeiro* foi fundada em 1928 com a meta principal de divulgar notícias por meio de fotografias. A ideia dos idealizadores da revista, segundo Costa e Burgi (2013), sempre foi usar a fotografia como discurso, até mais do que o texto impresso. Em suas páginas, o texto era mero complemento daquilo que a fotografia dizia, ressaltando que a imagem falava aos leitores da revista mais do que as palavras impressas, como podemos perceber (Figura 3.31).

Figura 3.31 – Reportagem da revista *O Cruzeiro*, de Arlino Silva (texto) e José Medeiros (fotos)

SILVA, A.; MEDEIROS, J. *O Cruzeiro*. Reportagem. Rio de Janeiro: Diários Associados, 1951.

A **disseminação da fotografia** pela sociedade ajuda o historiador a perceber, além daquilo que é óbvio, aquilo que não é. O objeto central da imagem pode e deve ser analisado com atenção, mas não devemos nos concentrar apenas nele. Na foto a seguir, o foco central é uma cancela de posto de fronteira na Polônia, que, naquele momento, estava sendo conquistada pela Alemanha. Entretanto, muitas outras coisas podem ser vistas e inferidas apenas com o exame detalhado da fotografia.

Figura 3.32 – 1º de setembro de 1939, de Hans Sönnke, na Polônia (dando início à I Guerra)

SÖNNKE, H. 1º de setembro de 1939. Polônia.

O pesquisador que se detém sobre a foto pode perceber o rosto de felicidade dos soldados alemães, podendo inferir que eles julgavam estar certos, talvez por estarem realizando um grande feito. Outro exame pode ser feito pelos historiadores da técnica e da tecnologia, os quais podem olhar para as baionetas e perceber sua manufatura; podem analisar também os capacetes, as botas e os uniformes. O conjunto de homens informa que se tratava de um pelotão, ou seja, era uma ação coordenada. Podemos, inclusive, perceber uma espécie de superior hierárquico olhando a cena e sorrindo. Ao longe, podemos perceber uma motocicleta e, quando observamos o segundo homem da direita para a esquerda, olhamos os óculos sobre o capacete, indicando que esse homem dirigia ou era carona da motocicleta (ou similar) ali estacionada. Por último, mas não menos importante, podemos notar que esses homens não demonstram sinais de cansaço, o que pode indicar duas coisas: 1) eles chegaram depois da conquista ter sido efetuada; ou 2) naquele momento, os homens estavam apenas posando para a foto de Sönnke. Para sanar essa dúvida, é necessário cruzar as informações dessa foto com a de outros documentos do período.

Desejamos, com essa análise, apontar para o pesquisador o fato de que, a partir de uma fotografia, é possível obter uma extensa miríade de informações, desde que possamos olhar para ela com suficiente cuidado.

Não podemos nunca nos esquecer do que Burke (2008) nos diz: as imagens revelam muito no primeiro plano, mas talvez revelem ainda mais quando percebemos o **incidental**, o fora do foco, o que está no **plano de fundo** ou nos **entornos**.

Na Figura 3.33, que mostra a equipe de futebol Mohawk, podemos perceber a vestimenta dos atletas, com calças e camisetas compridas. Além das relações das roupas em relação ao estilo da época, o historiador pode fazer relações com o conceito de time ou de equipe naquele momento. O pesquisador mais arguto também conseguirá constatar a relação entre o futebol e a natureza, visto que os atletas estão em contato direto com a relva, usando-a, tal qual a ideia do período, em que o homem mandava e tinha a natureza aos seus pés.

Figura 3.33 – Equipe de futebol Mohawk, ca. 1918-1920

Na imagem a seguir, temos o ministro da propaganda alemão, Joseph Goebbels, fazendo um pronunciamento à nação.

Figura 3.34 – Goebbels em 1932. Arquivo Federal Alemão.

Essa imagem de 1932 (Figura 3.34) revela muito sobre o nazismo. Ao iniciar sua análise, o pesquisador pode identificar o gestual do líder alemão: braços abertos, dedos em riste, procurando abarcar toda a plateia, as pernas juntas e a posição semelhante à de Cristo. Além disso, o historiador mais atento pode perceber inúmeras coisas. Uma delas é o fato de que, na primeira fila, há um cordão de isolamento policial, que, apesar de estar lá provavelmente para conter a população, olha para o púlpito, e não para as pessoas, o que revela a força dos discursos do ministro da propaganda. Outra, de fácil percepção, é a presença de crianças na plateia, como as que estão na parte mais à esquerda da fotografia. Outro aspecto é o cidadão mais à direita, no palco, de braços cruzados, escorado no parapeito e aparentemente entediado. Esse senhor não veste uniforme militar; aparentemente, trata-se de um burocrata do regime. É possível, então, inferir a diferença entre os burocratas e os militares durante o período de vigência do nazismo na Alemanha. Por último, mas não menos importante, é interessante destacar a presença do microfone: tão utilizado atualmente, era relativamente uma novidade naquele tempo. Mais ainda, esse tipo de microfone menor, de certa forma "portátil", foi patenteado apenas um ano antes da imagem, o que leva a concluir que a própria invenção do microfone acabou por ajudar o nazismo (mesmo que de forma sutil, pois o partido nazista encontraria outras formas de se comunicar com a multidão caso não houvesse microfones).

O historiador pode, então, ter consciência de quão rica pode ser sua pesquisa caso ela utilize essas "novas" fontes. Mas não devemos nos deixar levar apenas pelas evidências mais simplistas. Repetimos que é preciso refletir sobre a imagem e, muito especialmente, travar contato entre ela e outros documentos do mesmo período. Além disso, não podemos nunca confiar apenas em uma fonte. Afinal, ela pode ser manipulada, não é mesmo?

Rodrigo Otávio dos Santos

Vejamos este emblemático caso: muito antes do computador e do programa de manipulação digital Photoshop, as fotografias já eram manipuladas. Não é raro encontrarmos no Brasil do fim do século XIX fotos como a Figura 3.35: a imagem fotográfica foi pintada com tinta depois de ser impressa.

Figura 3.35 – Fotografia de jovem casal, Varsóvia, Polônia
(fotografia pb colorida à mão)

E se era possível adicionar tinta, o que mais poderia ser feito? O Estado soviético decidiu que a fotografia era um meio muito interessante de transmitir acontecimentos e, principalmente, ideologia. Para tanto, manipulações eram relativamente comuns. Preste atenção nas Figuras 3.36 e 3.37, a seguir.

Figura 3.36 – Discurso de Lênin em 5 de maio de 1920 (1)

Figura 3.37 – Discurso de Lênin em 5 de maio de 1920 (2)

Parece que é a mesma imagem, não é? De certa forma, é: ou melhor, as fotos foram tiradas com poucos segundos de diferença, em frente ao Teatro Bolshoi, na capital russa. A diferença entre as imagens é que, na primeira, aparecem Lev Kamenev, um dos principais nomes da facção bolchevique e da Revolução Russa de 1917, e também Leon Trotsky, o maior intelectual marxista da revolução. O problema é que ambos eram contrários a Josef Stalin; quando ele assumiu o poder, mandou simplesmente tirar ambos da fotografia. A fotografia oficial atualmente é aquela em que não constam nem Trotsky nem Kamenev, deixando claro que não é necessária alta tecnologia nem mesmo programas de computadores para adulterar fotografias. Nas duas imagens que seguem, podemos ver ainda mais facilmente a adulteração: retira-se da imagem o líder da polícia soviética, Nikolai Iejov.

Figura 3.38 – Stalin com Iejov

Figura 3.39 – Stalin sem Iejov

AFP / Getty Images

King (1997) elucida que as pessoas eram retiradas das fotografias com uma minuciosa técnica de raspagem com estilete, entre outras tantas reformas para cobrir o restante do fundo com outros elementos que já estavam na fotografia ou adicionar elementos de outras fotos, em um processo semelhante ao *paste-up* utilizado para montar revistas antes da invenção do computador.

Pensemos, então, no quanto a história foi manipulada por conta dessas imagens. Assim, **cabe ao historiador buscar as fontes e sempre – sempre – duvidar delas**. A imagem fotográfica não é, de forma alguma, uma certeza ou uma amostra fidedigna da realidade, como já dissemos. Assim, quando nos deparamos com fotografias tiradas em tempos complexos, é preciso um novo olhar, sempre mais apurado.

Novamente buscamos em Burke (2008) uma luz. Ele nos diz que a fotografia, em especial um retrato, sempre tenta **extrair o que melhor temos para mostrar** ou, no mínimo, a máscara social que tentamos passar aos nossos contemporâneos e à posteridade. Então, o estudioso da imagem deve estar sempre atento às convenções sociais existentes no período, para compreender melhor o que está se passando naquela sociedade, de modo que seja possível perceber o que o retratado está tentando dizer. Bourdieu (2002) defende que as práticas fotográficas só podem ser entendidas por meio da **análise do campo de forças social**, do local onde as estruturas de poder se revelam e onde sua disputa é percebida. Assim, a fotografia também pode ser entendida como um marcador social, uma forma de delimitar ideias e construir identidades, além de preconceitos, *status* e aspirações.

E quando a fotografia não mostra pessoas? Em muitos casos, os historiadores podem se apoiar no estudo da arquitetura, em especial da **arquitetura urbana**. Perceber como era uma cidade no passado para compreendê-la hoje e moldá-la para um melhor amanhã também faz parte do trabalho do pesquisador. Na imagem a seguir (Figura 3.41), temos uma visão aérea da maior cidade do Brasil, com uma distância de 15 anos entre elas, em que podemos notar o avanço do homem em relação à natureza. Observamos também o avanço do concreto, da urbanidade e da mobilidade urbana. Esse tipo de fotografia – ou melhor, de comparação fotográfica –, pode ser muito útil quando o historiador quer estudar o macro desenvolvimento de um país ou o micro desenvolvimento de uma região.

Figura 3.41 – São Paulo 1985/2000

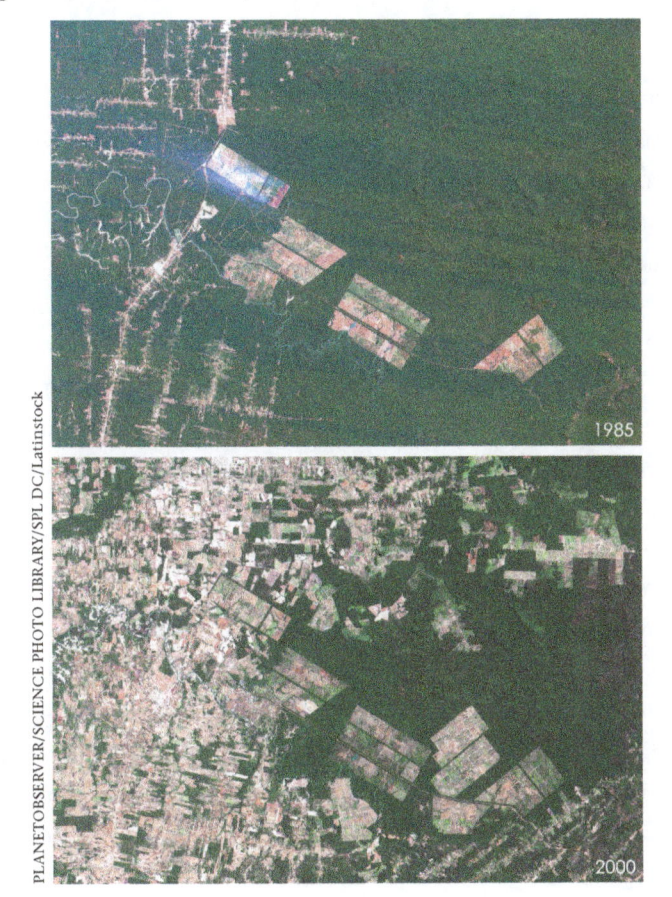

(3.2)
O CINEMA

Outra manifestação muito interessante é a **sétima arte**. Estudar o cinema, como informa Napolitano (2010), pode ser muito elucidativo para a percepção do historiador.

O cinema é uma forma de expressão. Talvez a mais global e uma das mais difundidas na atualidade. Como toda forma de expressão, ele carrega consigo ecos da sociedade em que foi moldada. Napolitano (2011) defende que o cinema se utilizou dos conhecimentos históricos antes mesmo da história adotar a projeção cinematográfica como fonte de pesquisa, tanto que, no início do século XX, os chamados *filmes históricos* – como *Nascimento de uma nação*, dirigido por D. W. Griffith, em 1915, ou *Napoleão*, dirigido por Abel Gance, em 1927 – eram uma constante nos ainda incipientes cinemas europeus e norte-americanos.

É importante que o pesquisador não limite sua pesquisa apenas a filmes documentais, como se o documentário fosse uma representação mais fidedigna da realidade. Ele, definitivamente, não é. Apesar de não pretender ter grande público nem ter o objetivo de entreter, **o documentário tem uma carga ideológica muito superior a de um filme comercial**. Basta assistir os relativamente recentes *Fahrenheit 9/11*, de Michael Moore, ou *Uma verdade inconveniente*, de Davis Guggenhein, para percebermos o quão ideológico pode ser um documentário. Ambas as películas são acusadas por muitas pessoas de fraldarem documentos e depoimentos para transmitirem suas ideias. Assim, é necessário ter cautela e, melhor ainda, tratar o filme documental como se trata um filme comercial, ou seja, com várias ressalvas e com o mesmo olhar crítico que se detém sobre outras fontes menos vívidas.

O cinema, praticamente desde sua criação pelos irmãos Lumière e posterior apropriação por Georges Méliès (primeiro *cineasta* na acepção moderna do termo), tem um caráter propagandístico. A manipulação é um caráter intrínseco do cinema, portanto, é de se esperar que palavras, atos e roteiros dirijam o espectador na direção em que o cineasta deseja. Mas a manipulação vai além da mera condição de contar uma história. Como o cinema é o maior entretenimento mundial (levando-se em conta suas transmissões nas mais diversas formas, entre elas a TV, a TV a cabo, a internet etc.), naturalmente existe uma percepção muita marcante das pessoas a partir daquilo que elas veem nos filmes.

Benjamin (1994) já dizia isso quando informava que as gerações nascidas pós-popularização do cinema conheceriam as personagens históricas por meio de atores, e a imagem do mundo seria moldada de acordo com a visão de cineastas específicos e suas empresas, ou seja, uma visão da indústria cultural acerca da história.

Para o pesquisador que deseja se enveredar pelo caminho do audiovisual, é necessário que, primeiramente, recolha o(s) filme(s) com que vai trabalhar. Assim como as fotografias, não podemos perceber o filme apenas nele próprio. É necessário fazer contrapontos e encontrar **paralelos em outras documentações**, uma vez que compreender o período apenas por meio do cinema é uma atitude muito arriscada e pouco científica. Documentos escritos, relatos orais, fotografias... tudo ajuda para a compreensão do filme em seu tempo histórico.

Depois de recolher diversos materiais alheios ao filme, mas que darão sustentação à tese que se procura defender, é necessário **decupar o filme**, ou seja, separá-lo em partes, para conseguir sistematizar melhor o estudo. Em seguida, o pesquisador deve tentar compreender os códigos e as linguagens que compõem a linguagem fílmica. Nesse momento, é obrigatório que se conheça um pouco sobre cinema, do ponto de vista da produção. Noções como enquadramento, corte, plano, sequência, sonorização, montagem, entre outras devem estar presentes no repertório do historiador, ou o resultado final da pesquisa será insatisfatório.

De acordo com Martin (2003), **enquadramento** é o modo como posiciona-se a câmera no momento da gravação de uma cena. Com o posicionamento da câmera, tem-se o ponto de vista que será passado para o espectador, construindo, assim, uma forma de olhar a história. Por exemplo: no sublime filme de Orson Welles, *Cidadão Kane*, cada vez que o personagem principal (Kane) é retratado, a câmera está posicionada abaixo da linha imaginária de seu rosto, fazendo com que ele sempre pareça maior e mais ameaçador. Quando filmam sua segunda esposa, frágil e ingênua, a câmera está posicionada acima de sua cabeça, fazendo com que ela sempre pareça menor e ainda mais fragilizada.

O **corte** do filme também é muito importante. Saber quando cortar e o que cortar é de suma importância. Benjamin (1994) relata que quando Chaplin rodou seu *Opinião Pública*, 125.000 metros de filme foram utilizados para fazer apenas os 3.000 que compõem o filme finalizado. O restante ficou no chão da sala de corte. Barthes (2012) nos lembra, porém, que o que não está na história (ou no *frame*) faz tão parte da história quanto aquilo que está sendo mostrado e, da mesma forma, o segundo e o terceiro planos também ajudam a contar a história.

As **cores**, a **trilha sonora** e a **ambientação** são outras maneiras de perceber e transmitir a história de uma forma que nem sempre o espectador comum se atenta. Mas o pesquisador tem de estar consciente disso. Para perceber as cores e sua influência na narrativa cinematográfica, é interessante o pesquisador assistir novamente ao clássico *O Mágico de Oz*, dirigido por Victor Fleming em 1939. Ali, nota-se a influência da cor, porque, no início do filme, a película é sépia; quando Dorothy cai na terra encantada de Oz, o filme fica colorido. A contraposição entre a cor e a falta dela faz com que o espectador do filme compreenda o caráter mágico da terra encantada para onde a pequena menina e seu cão foram transportados.

Quanto à trilha sonora e sua importância, é interessante assistir às cenas do astronauta Bowman tentando voltar à nave no clássico *2001: Uma odisseia no espaço*, de Stanley Kubrick, e atentar exatamente para a ausência de recursos sonoros; ou, então, perceber a quantidade de sons incidentais de um filme como *Transformers*, do diretor Michael Bay.

Outra característica importante do cinema é a **montagem**, ou seja, a ordem dos acontecimentos no filme pronto. Talvez não seja do conhecimento de todos os leitores deste livro, mas um filme não é gravado na ordem em que ele aparece em cena. Por uma série de motivos (conflito de agendas, disponibilidade de recursos, locações etc.), as cenas são gravadas em uma ordem diferente daquela que é exibida. No fim das filmagens, cabe ao montador do filme – normalmente o diretor – decidir a ordem em que as cenas vão aparecer para o espectador. E a forma como o filme é montado consegue atribuir suspense, tensão, alegria etc. Esta talvez seja a principal função do cinema: montar o filme de uma maneira que ele fique atraente. Como exemplo, podemos citar o filme *Amnésia*, do diretor Christofer Nolan, que é exibido com uma montagem muito diferente da cronológica. No DVD da obra, porém, nos extras, há o filme exibido em ordem cronológica – e podemos afirmar que toda a graça da história se perde. Afinal, nesse e na maioria dos casos, é a montagem que torna o filme bom ou ruim.

Questão importantíssima, que Napolitano (2010) sempre nos recorda, é que a sociedade não é real. Ela é encenada, ou seja, o que se vê na tela é uma **representação de uma possível realidade**, jamais a realidade em si. A "verdade" passada pelo cinema é tão verdadeira ou tão falsa quanto aquela encenada no teatro, ou seja, é apenas uma simulação, uma farsa, uma visão distorcida do cotidiano que nos cerca (ou cercou). O mesmo Napolitano (2010, p. 276) diz:

> O que importa é não analisar o filme como "espelho" da realidade, ou como "veículo" neutro das ideias do diretor, mas como o conjunto de elementos, convergentes ou não, que buscam encenar uma sociedade, seu presente ou seu passado, nem sempre com intenções políticas ou ideológicas explícitas. Essa encenação fílmica da sociedade pode ser realista ou alegórica, pode ser fidedigna ou fantasiosa, pode ser linear ou fragmentada, pode ser ficcional ou documental. Mas é sempre encenação, com escolhas predeterminadas e ligadas a tradições de expressão e linguagem cinematográfica que limitam a subjetividade do diretor, do roteirista, do ator.

Assim, o pesquisador deve saber que uma obra fílmica nunca representa a realidade. Nunca. Ela sempre representa a tensão entre o que deveria ser e o que é; sempre mostra a dificuldade entre se ater aos supostos fatos e à estética cinematográfica.

Além disso, não podemos nos esquecer de que o filme faz parte da **indústria cultural** e precisa de lucro para sobreviver. O capital manda nas películas de tal forma que um diretor, por mais bem-intencionado que seja, por mais determinado que esteja em passar sua visão histórica de determinada época ou acontecimento, nunca pode prescindir do dinheiro das bilheterias do planeta. E essa concessão muda consideravelmente as ideias originais do autor do roteiro, que poderia ser historicamente mais plausível, mas, às vezes, não é – mais por conta da inviabilidade financeira que um filme muito histórico pode promover. É correto afirmar, sem muito prazer, que um filme historicamente mais fiel seria muito provavelmente um filme sem graça para a maioria das pessoas. Dessa forma, as pessoas não iriam ao cinema (tampouco comprariam ou alugariam DVDs nas locadoras), fazendo com que o filme fosse um fracasso, o que inviabilizaria qualquer outro tipo de produção da mesma equipe. Infelizmente, nós, historiadores, não somos em número suficiente para que um cineasta desenvolva um filme apenas para nossa categoria.

Ademais, sempre devemos olhar o filme no contexto de sua produção. Um filme como *Laranja Mecânica*, de Stanley Kubrick, filmado em 1971, muito possivelmente não poderia ser rodado nos dias atuais, dadas as características de seu protagonista, que era um devasso; ao terminar a película, mesmo com todo o tratamento que recebe, continua um devasso em sua mente. A atual sociedade – principalmente a norte-americana – não aceitaria as cenas de violência, estupro e morte exibidas pelo diretor; e, se aceitasse, faria com que o filme fosse exibido em um circuito menor de exibição, em menos número de salas de cinema, o que naturalmente impactaria a questão comercial do filme.

O pesquisador histórico deve ter esses detalhes em mente para que consiga observar os impactos do filme estudado na sociedade em que foi produzido. A tensão entre o que o cineasta quer mostrar e o que o público está disposto a aceitar é um dos mais interessantes focos de pesquisa fílmica – e não apenas no que tange à violência ou a uma suposta censura. O mesmo Stanley Kubrick produziu, em 1968, um dos filmes mais enigmáticos de toda a história do cinema, *2001: Uma odisseia no espaço*. Esse filme, provavelmente, não chegaria às telas de cinema atualmente. Na verdade, como informa Clarke (1972), o filme efetivamente quase não chegou às salas escuras. E não porque ele tinha algo de pornográfico ou extremamente violento. Muito pelo contrário, era um filme calmo e contido. Porém, seu conteúdo metafísico era tão grande que o tornava praticamente ininteligível para as pessoas que o assistiam. Mesmo assim, conseguiu, ao longo do tempo, o *status* invejável de obra-prima do cinema e talvez seja o melhor filme de todos os tempos. Porém, o entendimento dele é complexo e suas divagações são de tal ordem que, atualmente, sequer seu roteiro passaria pelos executivos de Hollywood. Um roteiro como aquele jamais chegaria a ser produzido na década de 2010, uma vez que o cinema está cada vez mais atrelado ao capitalismo e às cifras mercadológicas, e a receita de um filme fica sempre atrelada a seu custo; ou seja, ele sempre tem que gerar muito lucro para estúdios e investidores.

Por outro lado, o historiador deve ficar atento às produções cinematográficas que conseguem chegar ao público. E, mais ainda, aquelas cuja base é histórica. O cinema sempre está a favor de alguma **ideologia** – e esta não é, jamais, neutra. Tendo como pressuposto que o cinema é uma arte coletiva, como diz Benjamin (1994), o interesse de muitas pessoas é imbricado na produção de uma peça fílmica. Um filme histórico como *A Lista de Schindler*, de Steven Spielberg, tem a clara missão de lembrar os espectadores do holocausto, mas sempre com um viés humano, quase palpável, que faz com que ator (Liam Neeson) e plateia entrem quase que em uma catarse para salvar alguns judeus durante a Segunda Guerra Mundial. É intenção direta e premeditada do diretor emocionar as pessoas. Mas não podemos nos esquecer de que o próprio diretor é judeu e, portanto, está contando a história do seu povo, com sua ideologia. Filmes como esse acabam gerando produtos que as pessoas "compram" sem crítica. A catarse e a emoção são mais importantes do que a história ou mesmo do que a ideologia que há por trás do filme. Não é de se estranhar que, desde o fim da Segunda Grande Guerra, sejam produzidos, por ano, pelo menos 14 filmes sobre o tema em Hollywood, sede das produtoras cinematográficas que são chefiadas, em sua maioria, por famílias judias. Os judeus têm todo o direito de contar sua história e de fazer lembrar, sempre que possível, o quanto sofreram nas mãos dos nazistas, e essa postura é extremamente salutar. Porém, devemos atentar para a ausência. Há apenas um filme sobre o holocausto em Ruanda, alguns poucos sobre o Apartheid e nenhum sobre a guerra civil no Timor Leste ou em Moçambique. Assim, fica patente que os filmes têm ideologias muito definidas, principalmente no que tange ao financiamento de tais obras.

Outro detalhe que o pesquisador deve observar é em relação à **caracterização das personagens**. Normalmente, o cinema norte-americano padrão tem uma predileção por criar personagens maniqueístas, ou seja, o bom é realmente bom e o mau é realmente mau. Assim, motivações, tridimensionalidade e justificativas elaboradas passam longe das personagens construídas. As personagens cumprem seu papel sem maiores problematizações. Não há o questionamento das motivações que levam as personagens a esta ou aquela decisão; muito menos o autoquestionamento das personagens em tela. Kellner (2001) nos lembra do personagem John Rambo (Sylvester Stallone) em *Rambo II – A Missão*, dirigido por George P. Cosmatos. Na história, o ex-combatente do Vietnã praticamente vira um super-herói norte-americano em uma missão de resgate de prisioneiros de guerra no país asiático. Nesse filme, o herói é bom, a personificação do bem, da lealdade à pátria e do ideal americano. Os vilões, por sua vez, são maus, são péssimas pessoas chefiadas pelos inimigos mortais dos Estados Unidos (e, na forma como é mostrado no filme, inimigos de toda a humanidade), os comunistas soviéticos. Essa unidimensionalidade de personagens confere um grau de ideologia altíssimo ao filme, chegando muito perto da propaganda puramente dita, tal como Goebbels fez em relação ao povo alemão a partir de 1930. Rambo é o soldado ideal, é o patriota ideal, é a idealização pura dos Estados Unidos e, mais ainda, de Ronald Reagan, seu presidente naquele distante 1985.

Recordemos que o próprio presidente era também ator de cinema e protagonizava filmes estilo faroeste, em que o branco norte-americano dizimava sem dó os inimigos, quais sejam, os índios que habitavam aquelas terras antes dele. Além disso, novamente apoiados em Kellner (2001), podemos dizer que Rambo é a superação do indivíduo sobre o sistema. Isso porque um homem sozinho conseguiu dominar e subjugar todo o exército vietnamita existente no filme. Esse *"man versus world"*, muito comum nos filmes hollywoodianos, mostra uma faceta clara do individualismo norte-americano, já descrito por Fichou (1990), que imperava naquele país durante o governo do republicano Reagan. E John Rambo não estava sozinho. No período em que o ex-caubói foi presidente da nação mais poderosa do mundo, inúmeros filmes foram produzidos com a marca do individualismo, a força, o patriotismo, a belicosidade e a guerra contra os inimigos soviéticos. Apenas para lembrar alguns dos mais emblemáticos, *Rock IV*, com o mesmo Stallone, em que o inimigo é um russo praticamente invencível; *Top Gun*, com Tom Cruise, em que o futuro inimigo eram os caças MIG soviéticos; *Comando para Matar*, com Arnold Schwarzenegger, no qual um grupo de mercenários sul-americanos financiados pela União Soviética planeja dar um golpe de estado; e, para retornar ao Vietnã, temos *Braddock – O super comando*, estrelado por Chuck Norris, cuja função cinematográfica não difere em nada da de Stallone em *Rambo*.

No Brasil, a ideologia também perpassa os filmes. Basta, para comprovarmos isso, assistir aos filmes do chamado *cinema novo*, como

Deus e o diabo na terra do sol ou *Terra em transe*, ambos de Glauber Rocha, cuja ideologia de esquerda era nítida naqueles primeiros anos do regime militar. Ao mesmo tempo, filmes como *Cabra marcado para morrer*, de Eduardo Coutinho, e *Macunaíma*, de Joaquim Pedro de Andrade, foram censurados pelo governo ditatorial e só puderam chegar às telas anos depois de sua produção. A censura – seja de maneira institucional, seja de maneira interna – é sempre um problema no cinema. Atualmente, não há censura prévia das películas, mas há uma censura no que tange ao público e aos múltiplos financiamentos, e ela força diretores e roteiristas a alterar o conteúdo que desejavam mostrar ao público. O historiador deve levar isso em consideração, tomando o máximo de cuidado para não ser anacrônico. O filme que hoje parece "bobo" ou "ingênuo" talvez tenha sido um arrombo de criatividade em tempos idos.

De qualquer forma, o historiador que decidir trabalhar com o cinema como fonte não pode se furtar de conhecer mais sobre a **linguagem do cinema**. Para tanto, deve ler alguns livros de teoria do cinema, como o *Manual de roteiro*, de Syd Field, *Pré-cinemas e pós-cinemas*, de Arlindo Machado, ou *O cinema*, de André Bazin. Até mesmo algumas consultas em *sites* especializados na internet podem ajudar. O que não pode ser feito jamais é ignorar esse conhecimento específico. É interessante que o pesquisador faça um fichamento sobre o filme que será usado em sua discussão posterior. Ele precisa definir muito claramente o que o filme em questão está transmitindo e – talvez até mais importante – como está transmitindo o que mostra. Outra dica valiosa é assistir várias vezes ao mesmo filme, anotando os aspectos relevantes sobre ele em cada uma das sessões. Além disso, comparar o filme que lhe é base com outros filmes da mesma época pode ser uma boa estratégia para perceber semelhanças e idiossincrasias na obra analisada. Por último, tentar encontrar na internet o roteiro do filme também pode ajudar imensamente a compreender todo o contexto da obra, pois o texto impresso ajuda a dirimir algumas dúvidas que ficaram na exibição midiática, ao mesmo tempo em que é possível ver as diferenças entre o que estava no roteiro e o que efetivamente acabou nas telas de cinema.

Síntese

Neste capítulo, abordamos uma série de tópicos a respeito das imagens estáticas e dinâmicas.

Procuramos mostrar as imagens como fontes, haja vista a abundância delas em nossa sociedade. De pinturas rupestres às tapeçarias e depois aos quadros de Tiziano e Velázquez, passando por Hogarth e Renoir, culminando nas figuras brasileiras e nas pinturas das duas Grandes Guerras, todas foram analisadas. Vimos também os cartazes, pois sua disseminação era muito grande no período anterior à popularização da fotografia, e apresentamos as fotografias e sua forma de analisá-las, uma vez que, após a popularização dessa forma de reprodução, o mundo inundou-se delas e elas fazem grande relato (nunca fidedigno) de um período.

Abordamos o uso das imagens em reportagens e em revistas, tendo em vista que, nesse caso, as imagens sustentam um texto escrito e devem ser inquiridas de forma diferente. Destacamos ainda que as figuras podem ser adulteradas. Analisamos esse aspecto tentando fazer com que você perceba que isso acontece desde a invenção da fotografia, muito antes dos modernos *softwares* de edição de imagem. Chamamos atenção, também, para a popularidade e para a disseminação do cinema, que é outra das fontes históricas passíveis de estudo, demonstrando algumas técnicas.

Discutimos sobre a influência da cor, do som e da ambientação na chamada *sétima arte*, bem como a respeito da questão central na produção de um filme: a montagem. Por fim, vimos que alguns tópicos da linguagem cinematográfica são de suma importância para o pesquisador que deseja enveredar por essa área.

Atividades de autoavaliação

1. Quando afirmamos que cabe ao espectador a construção do significado da imagem, queremos dizer que:
   a) ao ler uma imagem, o espectador precisa de um guia para entendê-la.
   b) o espectador não é capaz de compreender uma imagem.
   c) o espectador é coprodutor do significado da imagem.
   d) não existe como o espectador compreender uma imagem.

2. De acordo com Panofsky (2002), os níveis de interpretação de uma imagem são:
   a) pré-imagem, decifração, conclusão.
   b) ambientação, compreensão, iconografia.
   c) formação, significado culturalmente aceito, inclusão.
   d) pré-iconografia, significado culturalmente aceito, iconografia.

3. Quando se depara com uma imagem a ser estudada, a função do historiador é:
   a) comparar a imagem com outros documentos da época e tentar reescrever aquele pedacinho do passado.
   b) analisar a imagem independentemente de seu contexto particular ou mais amplo.
   c) comparar a imagem com imagens atuais para perceber suas diferenças.
   d) ignorar, uma vez que imagens não podem ser analisadas à luz da história.

4. Documentários são diferentes de filmes comerciais. O maior erro que um historiador pode cometer ao analisá-los é:
   a) imaginar que, por ser um documentário, ele contém a verdade pura.
   b) usar as mesmas ferramentas conceituais de estudo de um filme comercial.
   c) perceber suas nuances fotográficas e suas questões técnicas.
   d) analisar o filme à luz de outros documentos da época.

5. Talvez a parte mais importante da produção de um filme seja sua montagem, que é:
   a) o processo pelo qual o filme chega às telas dos cinemas mundiais.
   b) o processo de *marketing* e divulgação do filme.
   c) a correção de cores e espectros da película.
   d) o processo pelo qual a ordem dos acontecimentos de um filme é encadeada.

Atividades de aprendizagem

Questões para reflexão

1. Escolha uma imagem jornalística da década de 1940 e tente, em conjunto com seus colegas, analisar o que o jornalista fotográfico pretendeu transmitir e qual sua inclinação política.

2. Assista a um filme e procure decupá-lo, ou seja, analisar sua montagem, seu enquadramento, suas cores, sua trilha sonora e sua ambientação.

Atividade aplicada: prática

Sozinho ou em grupo, vá a uma biblioteca e, na ala dos periódicos, escolha uma revista da década de 1960. Na revista, tente avaliar como eram as propagandas e as fotos informativas e quais eram os destaques imagéticos internos. Depois, escolha outra revista, de temática similar e atual, e procure ver as diferenças e semelhanças entre uma revista dos anos 1960 e uma atual.

Capítulo 4
Outras fontes

Existem outras formas de arte tão cotidianas que raramente nos damos conta de sua existência. Estamos nos referindo às músicas e à arte gráfica. Na música, veremos que não é necessário ser músico para entender sua sutileza, tampouco precisamos conhecer partituras ou compassos para poder fazer uma grande pesquisa partindo da arte sonora. Do ponto de vista das charges, dos cartuns, das tiras e das histórias em quadrinhos, podemos afirmar que há um acervo maravilhoso em nossas mãos praticamente todos os dias de nossas vidas. Como estudar essas peças da indústria gráfica, como elas se enquadram na indústria cultural e suas características é o que o leitor vai encontrar neste capítulo, inteiramente dedicado às artes da pena de nanquim e às canções que fazem parte do cotidiano e do imaginário popular.

(4.1)
A MÚSICA

A música é um tipo de fonte que também pode ser utilizado pelo pesquisador histórico. Extremamente conectada com o mundo à sua volta, as canções podem ser úteis para entender determinado período histórico. Quando pensamos na música, não conseguimos dissociá-la de suas **condições de produção**. Pensemos em uma peça de Mozart ou Beethoven. Esses dois artistas representam muito bem o período do século XVIII, e suas composições encontram eco até nas canções de artistas pop do século XXI. Quando escutamos uma sinfonia de um deles, imediatamente somos transportados para o período. O que, naturalmente, não passa de mera especulação promovida pelo imaginário cultural. Mesmo assim, esses dois homens modificaram a forma como as pessoas ouviam – e ouvem – música.

Mas estudar historicamente a música pode ser mais difícil do que parece. Isso porque é necessário algum **conhecimento de música**, ou seja, ser versado na linguagem musical, o que compreende ler partitura, conhecer ritmos, notas e silêncios. Por conta disso, a maior parte dos historiadores acaba optando por estudar canções ou apenas as letras das canções – note que o termo *canção* refere-se à música acompanhada de uma letra cantada e, normalmente, está associado ao cancioneiro popular.

A partir desse ponto de vista, talvez o primeiro historiador a estudar meticulosamente a canção brasileira foi José Ramos Tinhorão, que catalogou diversas canções, artistas e movimentos musicais. O problema, porém, é que Tinhorão tem uma verve polêmica, e seu trabalho parece mais preocupado com a análise crítica das obras musicais do que com sua historicidade. Napolitano (2011) chega a dizer que Tinhorão tece muitas considerações de cunho ideológico, por vezes desvinculadas do material artístico. Além disso, o escritor coloca muitas canções e artistas (até as fases de alguns artistas) como se fossem a mesma coisa, a exemplo de samba e bossa-nova, e esquece que esses movimentos tinham muitas diferenças internas, tensões entre seus participantes e entre a sociedade que os circundava.

De qualquer forma, o caminho trilhado por ele pode ser seguido por outros pesquisadores. A ideia aqui é utilizar as letras das canções para **compreender o contexto histórico**, e usá-las como fontes para tentar enxergar melhor o passado. Há duas formas de estudar o tema: uma delas é a **análise da letra** em relação às demais letras do artista ou em relação às letras das pessoas do mesmo movimento. Além disso, é possível analisar as letras a partir de sua métrica, sua simbologia ou, ainda, suas metáforas. Nesse caso, normalmente, esse é um estudo de pesquisadores da área de letras ou linguística.

Na área de história, podemos analisar movimentos musicais, como a bossa-nova nos anos 1960 no Brasil, o *rock* contracultural norte-americano da década de 1970 ou o movimento do *rock* nacional, no Brasil, na década de 1980. Podemos estudar, por exemplo, a influência de uma banda como The Beatles, que, em conjunto com uma série de bandas, artistas e pensadores, mudou todo o comportamento jovem da geração entre 1960 e 1970. A banda de Liverpool era o expoente máximo do movimento que transformou a relação entre jovens e seus pais, entre professores e alunos; e foi a banda que ajudou a proporcionar as mudanças ocorridas a partir de 1968, tendo por expoente máximo o Festival de Woodstock – não por acaso, um festival de música.

Merheb (2012) recorda que o Festival de Woodstock é um evento interessante de se pesquisar, pois, apesar de ser atualmente visto como um bastião da contracultura e um festival em que as pessoas em uníssono bradavam contra o dinheiro e o capitalismo, em sua gênese, era um produto para gerar capital. Seus produtores, Artie Kornfeld, Michael Lang, John Roberts e Joel Rosenman, visavam fazer um festival de música para arrecadar dinheiro. Não que o ideal *hippie* de paz e amor não estivesse ali presente, mas o dinheiro foi a primeira mola propulsora. O movimento cultural do *rock* talvez tenha tido seu ápice naqueles dias entre 15 e 18 de agosto de 1969, pois 32 grandes estrelas do estilo musical se apresentaram para uma multidão de aproximadamente 400 mil pessoas. É inegável o impacto cultural desse evento na sociedade ocidental. Ainda que tenha sido realizado um ano antes, ele praticamente inaugurou os anos 1970 e a cultura *hippie*, tendo disseminado a contracultura como pouco se viu. Assim, o pesquisador pode procurar elementos da sociedade contemporânea quando estuda um evento desse porte.

Para não ficarmos apenas no *rock*, podemos avaliar o impacto da bossa-nova no Brasil, ou do tropicalismo. Nomes como Gilberto Gil, Caetano Veloso, Mutantes e Tom Zé modificaram a cultura brasileira nos anos da ditadura. Eles insurgiam-se contra o que lhes era imposto, criavam letras que desafiavam os censores, viviam à margem do sistema ao mesmo tempo em que eram bem-sucedidos em suas vendas de discos. Vários deles foram exilados e amargaram alguns anos longe do país que tentavam melhorar. Investigar o regime militar por meio das canções de protesto é altamente válido e gera frutos mais do que interessantes, como o trabalho de Napolitano (2001, p. 37), em que o pesquisador afirma que a sigla MPB se tornou "sinônimo de música comprometida com a realidade brasileira, crítica ao regime militar e de alta qualidade estética". O autor deixa clara a influência da política na música e vice-versa. Não fosse o regime militar, certamente a MPB seria muito, muito diferente. Por outro lado, não fosse a MPB e sua coragem, provavelmente o regime militar não teria se desenrolado da forma como aconteceu.

O contraponto da MPB, porém, não era exatamente o *rock*, uma vez que este era ainda pouco difundido no Brasil nas décadas de 1960/1970 (apesar do esforço da Jovem Guarda). Araújo (2013) defende que os verdadeiros contrapositores do regime não seriam os músicos da MPB, haja vista que eles falavam para as elites, ou seja, uma minoria intelectualizada que vivia no país. Para o autor, quem realmente se opunha ao sistema e atingia as massas eram os compositores da música "brega", ou "cafona". Nomes como Odair José, Nelson Ned e Waldick Soriano seriam tão ou mais influentes que Veloso e Buarque. Isso porque canções como *O Divórcio*, de Luiz Ayrão, falavam abertamente contra o regime e eram muito mais populares do que as canções da MPB. Além disso, os integrantes da música dita *cafona* não tinham o dinheiro ou a influência de seus colegas da MPB. Araújo (2013, p. 187) relata que

Em um país marcado pela desigualdade social, carência na educação e falta de oportunidades iguais para todos, a carreira musical, como também a do futebol, torna-se um dos poucos meios de ascensão social para uma legião de jovens oriundos dos baixos estratos da população. E isto se reflete no discurso e no compromisso comercial dos artistas "cafonas". [...] Já o discurso dos cantores da MPB é diferente. Filhos da classe média, a maioria de formação universitária, eles procuram enfatizar que estão na música por idealismo e vocação artística, não por sucesso ou riqueza.

Com isso, percebe-se a forma como podemos estudar os movimentos musicais dentro ou fora do nosso país. Como expressão de um país, de um momento ou de uma comunidade, a música tem o poder de sintetizar algumas características muito raras aos historiadores. Seu estudo, portanto, é muito valioso.

Nesse sentido, podemos – também a partir das canções – estudar as letras e a forma como as palavras do letrista/cantor refletem e refratam (Bakhtin, 2011) o **cotidiano de quando foram produzidas**. Elas podem servir para compreender certas reapropriações de canções compostas para um momento histórico quando resgatado em outro. Vejamos o caso do *rock* brasileiro na década de 1980, durante a transição do governo ditatorial para o democrático. Nesse período, Antônio Delfim Netto assumiu a pasta da Fazenda; Fishlow (1988) lembra que o ministro prometeu uma reedição do milagre econômico, com uma abordagem centrada na oferta, que tornaria desnecessária a contenção da demanda. Isso indicava aos demais ministros que eles poderiam gastar. Porém, em setembro de 1979, foram introduzidos rígidos controles que provocaram um declínio acentuado das taxas de juros nominais, fazendo com que uma parcela da sociedade não acreditasse no milagre.

A banda baiana Camisa de Vênus criticou a postura do governo com frases irônicas: *Eu acredito na escada pro sucesso / Eu acredito na ordem e no progresso [...] Eu acredito no milagre que não vem / Eu acredito nos homens de bem,* na canção *O Adventista* (Hummel; Nova, 1983), lançada no primeiro álbum da banda, em 1983 (possivelmente composta por volta de 1980). Outra canção muito interessante é de Léo Jaime, talvez uma das canções mais audaciosas do período. *Solange* é uma versão da canção *So lonely*, da banda inglesa The Police, em que Jaime faz duras críticas à censora oficial da ditadura militar, Dona Solange Hernandes. Alguns versos da canção são: *Eu tinha tanto pra dizer / Metade eu tive que esquecer / E quando eu tento escrever / Seu nome vem me interromper* (Jaime, 1985).

Outra canção muito combativa contra a censura (em um momento em que já podia ser gravada) foi *Proteção*, da banda brasiliense Plebe Rude. Nesse caso, o que estava acontecendo no país era a tentativa de votar as "Diretas Já". Com a aproximação da votação, o governo Figueiredo teve receio de que os líderes do movimento "Diretas Já" coagissem os legisladores por meio de maciças manifestações. Com esse pretexto, impôs estado de emergência na cidade de Brasília. Em resposta, os dirigentes da campanha pró-diretas convocaram o público para se dirigir ao Congresso e ficar buzinando com seus carros em volta do edifício. Nesse momento, apareceu a figura do General Newton Cruz, que tentou conter o "buzinaço", no dia da votação, colocando a cavalaria nas ruas. Como as pessoas não paravam de buzinar, o general, na frente das câmeras, passou a chicotear os carros de cima de seu cavalo. Skidmore (1988) diz que Cruz foi uma "dádiva" para a oposição, pois a mídia flagrava um militar extremista que era, ao mesmo tempo, impotente e ridículo. A canção *Proteção*, da banda Plebe Rude, foi feita em virtude desse contexto.

Como o pesquisador pode perceber, as letras podem e devem ser estudadas pelos historiadores, porque elas revelam uma faceta importantíssima do período estudado, que é o binômio **produção/ consumo**. A partir dele, toda a indústria cultural se forja; assim, se há pessoas consumindo, com certeza o fazem porque encontram eco na sociedade e percebem uma "verdade". Como exemplo, citamos a veracidade da canção *A Novidade*, da banda carioca Paralamas do Sucesso, em parceria com Gilberto Gil, um caso de junção de duas escolas (MPB e *rock*) e de duas gerações (anos 1970 e anos 1980). A letra é uma verdadeira crônica da disparidade social existente no Brasil (Gil, 1986).

Ainda, há canções que, além de representarem uma época ou uma geração, mostram uma **cena específica**, um momento singular da história, como no fim de 1980 e começo de 1981, quando o país foi sacudido por uma série de incidentes violentos. Entre eles, o das bancas de jornal, quando os jornaleiros recebiam bilhetes ordenando que parassem de vender publicações esquerdistas. Alguns se recusaram e tiveram suas bancas destruídas por explosões durante a noite, fato que levou Renato Russo a escrever: *não boto bomba em banca de jornal nem em colégio de criança / isso eu não faço não*, presentes na canção *Faroeste Caboclo*, do disco *Que país é este?*, da Legião Urbana (Russo, 1987). Com o prejuízo causado pela explosão e a consequente perda completa do estoque, várias dessas bancas desapareceram. Outra canção nessa linha é a de Aldir Blanc e João Bosco, que ficou famosa na voz de Elis Regina e bradava a volta dos exilados políticos, pregando a anistia ampla, geral e irrestrita. A canção dizia: *Meu Brasil! / Que sonha com a volta do irmão do Henfil / Com tanta gente que partiu / Num rabo de foguete / Chora / A nossa Pátria mãe gentil / Choram Marias e Clarisses / No solo* *do Brasil* (Blanc; Bosco, 1979). Lembrando que o irmão do Henfil é o sociólogo Betinho, que, segundo Moraes (1997), estava exilado do país, morando no Uruguai.

O uso de **personagens históricas** em canções também é, de certa forma, comum, como no caso da canção *Al Capone*, que, em suas frases, conta a forma como o gângster de mesmo nome, talvez o mais importante – pelo menos o mais folclórico – criminoso dos EUA na época da Lei Seca foi pego pela polícia. Além disso, valendo-se de um humor debochado, Seixas e Paulo Coelho mostram os destinos de Julio César e Lampião. Por sua vez, a canção da banda paulista Ira!, *Rubro Zorro*, foi anunciada como um "faroeste do terceiro mundo". A música lembra muito as trilhas sonoras de *westerns* norte-americanos ou italianos, como os filmes de Sérgio Leoni ou John Ford. A letra gira em torno da história do folclórico Bandido da Luz Vermelha, caso policial famoso e que virou um filme dirigido por Rogério Sganzerla.

> O interessante é que o pesquisador perceba a canção – e sua letra – e a compare com outros documentos históricos. Além disso, é muito interessante comparar uma música com outra do mesmo período, para articular as informações, assim como com canções de períodos prévios e seguintes, dando um escopo ainda maior na elaboração de sua argumentação histórica.

A forma como a música chegava às pessoas é outra questão muito importante a se ponderar. Ela chegava por meio de CDs? Discos de vinil? Apenas pelo rádio? A fruição da obra depende também do meio pelo qual ela era encontrada pelos ouvintes. Napolitano (2002) diz que mapear as "escutas", ou seja, a forma de ouvir a canção, é de extrema valia para compreender o período histórico.

(4.2)
CHARGES, CARTUNS, TIRAS E HISTÓRIAS EM QUADRINHOS

O português do Brasil separa os termos *charge, cartum, tira* e *história em quadrinhos*. Antes de analisar uma peça histórica, o pesquisador deve compreender a diferença entre esses termos. Uma **charge**, (oriundo da palavra *carga*, em francês), em geral, de acordo com Ramos (2011), diz respeito ao desenho – com ou sem texto – que remete imediatamente ao noticiário do dia ou daquele momento histórico. Assim, para exemplificar, podemos dizer que, em 1989, um desenho envolvendo Fernando Collor de Mello, Luiz Inácio Lula da Silva e uma urna eleitoral é uma charge, visto que remete imediatamente à disputa eleitoral ocorrida naquele ano entre os dois indivíduos citados.

Cartum é relacionado a um desenho – com ou sem texto – atemporal, ou seja, que não precisa de entendimento do contexto para ser compreendido. Para exemplificar, podemos dizer que um desenho de um gato perseguindo um cachorro é um cartum, porque, independentemente do período histórico, as pessoas sabem que gatos não perseguem cachorros.

A **tira**, por sua vez, designa uma pequena história contada de maneira sequencial, em três ou quatro quadrinhos. No Brasil, temos a tradição de tiras cômicas; entre os exemplos que podemos citar, estão os quadrinistas Angeli, Laerte e André Dahmer, responsáveis respectivamente por *Bob Cuspe, Os Gatos* e *Malvados*.

Já a **história em quadrinhos**, em geral, com mais de uma página, conta uma história maior, menos sintética. É aqui que se inserem os super-heróis norte-americanos, as histórias feitas com os personagens Disney e também os brasileiros *Turma da Mônica* e *A Turma do Pererê*.

Há, ainda, um termo correlato, *graphic novel*, que, em tese, deveria ser uma referência aos quadrinhos mais adultos, mais ligados à literatura. Infelizmente, esse termo parece ter sido cooptado pela indústria e pelo *marketing* das grandes empresas, que lançam uma história simples de super-herói e – para vender mais – colocam o gênero *graphic novel* na capa.

4.2.1 AS CHARGES

Conhecidas desde o século XVIII, essas imagens cômicas, mas principalmente críticas, povoam os jornais desde então. Normalmente articuladas com um conteúdo escrito, Nicolau (2007) defende que as **charges** revelam editoriais dos periódicos em que estão inscritas. Isso porque a voz do desenhista pode ser mais impiedosa do que as letras impressas em tinta preta. Analisar uma charge, portanto, é analisar a conjuntura. E ela fornece elementos tão importantes que, atualmente, fica difícil ignorar seu uso na história contemporânea.

Vejamos este exemplo. Em fevereiro de 1987, depois de ficar claro que o Plano Cruzado II já estava fracassando, Dilson Funaro, então ministro da fazenda, decidiu aplicar a moratória nos bancos credores e parar de pagar os juros da dívida externa. Isso, para Sardenberg (citado em A história..., 2002), não foi moratória; foi um calote. Por mais que Sarney, em rede televisiva para todo o país, tenha dito que era uma questão de soberania nacional, na verdade, tratava-se simplesmente do fato de que o país não tinha mais como pagar as suas dívidas. Assim, Sarney simplesmente avisou que não iria pagar. Pilagallo (2006) resume a questão dizendo que Sarney fez a moratória parecer um enfrentamento, porém, ela não era uma opção – era exatamente a falta de opção. O discurso à nação, em cadeia nacional, não passou incólume pelo traço do artista paulista Angeli, que caracterizou Sarney como um indivíduo que não sabia exatamente o que fazer.

Figura 4.1 – *José Sarney*, de Angeli, 1988

> OLHA, EU NÃO ENTENDO LHUFAS DE POLÍTICA MAS ESSA SITUAÇÃO... SEI NÃO! MAS NA MINHA OPINIÃO D ELEIGO...
>
> ...A CULPA É TODA DO GOVERNO!

© Angeli - detalhe da HQ "Down!" - Revista Chiclete com Banana n13 - Editora Circo - São Paulo -1987

Outro exemplo que podemos citar é o caso de Laerte, quadrinista paulista que, em 1974, em pleno regime militar, ganhou o primeiro prêmio no estreante Salão de Humor de Piracicaba, o principal do país, com a charge mostrada na Figura 4.2.

Figura 4.2 – *O rei estava vestido*, de Laerte, 1974

LAERTE (www.laerte.com.br)

Nela, podemos perceber um garoto sofrendo nas mãos de um torturador e negando que o rei estivesse nu, em clara alusão à fábula de Hans Christian Andersen, *A Roupa Nova do Rei*, que conta a história de um rei que fora enganado por um ladrão que lhe vendera nada como se fosse uma roupa, e todos os súditos, com medo da vingança real, afirmavam que a roupa era linda, até que um menino disse que o rei estava nu. Essa história serve como parábola para a truculência dos regentes, ao mesmo tempo em que mostra a submissão dos súditos: nada mais crítico ao regime militar que cassava direitos, torturando e matando pessoas que discordassem de sua postura. Interpretar essa charge significa analisar o regime militar, a tortura que era empregada e a submissão do povo, acuado diante de tamanha ameaça governamental. Não conhecendo a realidade da tortura durante o regime militar, a charge fica praticamente incompreensível.

4.2.2 Os cartuns

A partir dos **cartuns** (piadas não conectadas exatamente com uma ou outra manchete de jornal ou notícia), o pesquisador pode inferir uma série de comportamentos da sociedade em questão. Como o cartum não está preso a nenhuma pauta, os artistas, em geral, sentem-se mais livres para expressar seus sentimentos, que, muitas vezes, são compartilhados pela população em geral ou, pelo menos, por parte dela. Na obra a seguir, feita em 1979 por Josanildo Dias de Lacerda, vemos um morador do campo apavorado em meio ao caos urbano e ao excesso de ruas e viadutos. Por mais que esse cartum seja universal, também revela algumas visões do homem urbano brasileiro no fim da década de 1970.

Figura 4.3 – *Na cidade*, de Josenildo Dias de Lacerda

Crédito: NILDÃO

Analisando o cartum, podemos dizer que as cidades, que, desde o fim da década de 1950, atraíam mais e mais moradores, começam a ser os principais focos dos habitantes brasileiros na segunda metade dos anos 1970. Segundo dados do Instituto Brasileiro de Geografia e Estatística (IBGE, 2015a), em 1980 havia, no Estado de São Paulo, pouco mais de 22 milhões de habitantes morando nas cidades e cerca de apenas 2,8 milhões habitando a zona rural. Apenas no início da década de 1980, ainda de acordo com o IBGE (2015a), a população absoluta da cidade de São Paulo era de pouco mais de 2,5 milhões de habitantes, com uma taxa média geométrica de incremento anual de 3,67% a cada 100 habitantes. Santos (2008) afirma que as cidades constituem o arcabouço econômico, político, institucional e sociocultural de um país. Também defende que a rede urbana constitui um conjunto de aglomerações que produzem bens e serviços, que conta com uma rede de infraestrutura de suporte e que tem fluxos que circulam entre os grupos de pessoas por meio dos instrumentos de intercâmbio.

Assim, as grandes cidades se tornaram centros de produção e consumo, de distribuição e circulação de mercadorias e pessoas, de importação e exportação. A economia dominante desde meados do século XX, como afirma Mumford (2008), é uma economia metropolitana, que não se sustenta se não estiver intimamente ligada à cidade grande. Para o autor, a metrópole tende a abranger toda a vida orgânica multilateral da comunidade, com vários setores da sociedade moderna presos dentro de um mesmo espaço físico e temporal.

Como nenhum ser humano consegue compreender a cidade como um todo, com todas suas facetas, experiências e idiossincrasias, o homem urbano busca, de todas as formas, encontrar seu espaço dentro dessa imensidão de possibilidades, que, de acordo com Wirth (1979), tende a parecer um mosaico de mundos sociais. A cidade é, para o cidadão, mais do que grupos de homens e conveniências sociais, mais do que edifícios, ruas, supermercados. A cidade, do ponto de vista de Park (1979), é um estado de espírito, formado por um corpo de costumes, tradições e sentimentos. A cidade é um produto da natureza humana e, portanto, *habitat* natural do chamado *homem civilizado*.

Para Simmel (1979), os problemas mais graves da vida moderna são derivados da tentativa do homem de manter sua autonomia e individualidade dentro de um espaço que não conta, inerentemente, com tal abertura. A busca pela essência individual perdida ocorre porque, no espaço metropolitano, as pessoas não são mais avaliadas pelas suas qualidades individuais. Segundo o autor, ninguém mais conhece ninguém em uma metrópole.

Assim, o indivíduo se torna mero elo em uma enorme organização de coisas e poderes que tiram de sua autonomia o progresso, a espiritualidade e também os valores, moldando-o de ser humano subjetivo aos moldes de uma forma de vida objetiva, cujo interesse é irrelevante para a organização total e os demais habitantes da mesma cidade. Com a segregação cada vez mais presente e intensa (graças ao agigantamento das proporções em uma metrópole), as pessoas começam a sentir que seu agir ou não agir só pode, como afirma Bauman (2009), "fazer a diferença" em questões locais. Ao mesmo tempo, esses mesmos seres percebem que, quanto às demais questões, declaradamente "supralocais", não importa sua interferência e, portanto, nada mais resta a não ser aceitar as decisões tomadas em âmbito, muitas vezes, global. Santos (2008) nos fala que as questões de centro-periferia ou das regiões polarizadas ficaram ultrapassadas.

No período da manufatura da caricatura, a metrópole está presente em toda parte; o ser humano vive o fenômeno da cidade grande, onipresente, capaz de organizar e desorganizar atividades periféricas e centrais, ao mesmo tempo em que determina a vida e o cotidiano dos indivíduos que nela habitam, trazendo a agonia e o choro da personagem desenhada por Lacerda (Figura 4.3), que está desesperada.

Figura 4.4 – *Os sem-teto*, de J. Carlos

J Carlos (José Carlos de Brito e Cunha – 1884-1950) / Coleção Eduardo Augusto de Brito e Cunha / Instituto Moreira Salles

J. Carlos, ao fazer a charge sobre os sem-teto na revista *Careta 695*, em 15 de outubro de 1921, mostra a retirada de pessoas de suas casas no Morro do Castelo, que foi devastado pelo prefeito do Rio de Janeiro, Carlos Sampaio. Como esse foi um movimento que levou anos, podemos dizer que a imagem não está atrelada a nenhum noticiário específico, uma vez que não houve uma "data" de despejo coletivo. Entretanto, as pessoas compreenderam a imagem e seu significado. Assim, podemos dizer que a imagem foi, durante muitos anos, atual, já que as pessoas sabiam do que se tratava. Entretanto, como esse tipo de política infelizmente não deixou nosso país, podemos dizer que o cartum era atual quando foi feito, mas permanece atual nos dias de hoje.

4.2.3 As tiras

As **tiras de história em quadrinhos** são um pouco diferentes, porque compreendem o desenvolvimento de uma história. E, naturalmente, essa história pode – e deve – ser entendida pelo pesquisador como mais uma manifestação daquele período, levando em consideração que o artista responsável por ela pode captar as angústias e os dramas do período vivido e, a partir dele, fazer graça ou levar à reflexão.

Nos anos 1980, uma doença pegou o mundo de assalto: a Aids. Seu problema, contudo, era duplo: a doença em si e a falta de informação por conta do ineditismo da mazela. Em dezembro de 1987, as informações a seu respeito ainda estavam em um estágio muito incipiente. Sabia-se que sua propagação ocorria por meio de relações sexuais e pouco mais do que isso. Angeli decidiu abordar o tema tanto em sua revista, a *Chiclete com Banana*, quanto na tirinha de mesmo nome no jornal *Folha de S. Paulo*. Uma das histórias, que reproduzimos a seguir, faz, inclusive, uma crítica educativa no que tange à proteção contra a doença.

Figura 4.5 – *O problema da Aids*, de Angeli e Rê Bordosa, 1987

Como podemos perceber, a personagem, uma mulher liberada, que vivia em bares e fazia sexo com quem estivesse com vontade, para e repensa as relações sexuais vindouras. Com o humor típico do cartunista, podemos perceber que, naqueles momentos tumultuados do fim da década de 1980, ter dinheiro, carros, apartamentos com camas giratórias não significava nada se ele não tivesse preservativos para combater a doença.

Continuando com o mesmo artista, podemos analisar a figura a seguir, em que o personagem Meiaoito, de Angeli, lembra, nostalgicamente, da ditadura militar e seus governantes. A personagem psicologicamente se perdeu na revolução armada brasileira e ainda sofre os males dos antigos ditadores, relembrando os anos de repressão por meio dos fios de sua barba.

Figura 4.6 – *Lembrança dos ditadores*, de Angeli, 1987

© Angeli - Revista Chiclete com Banana n 11 - Editora Circo - São Paulo 1987

Assim, em uma pesquisa acerca da ditadura militar, mais do que ilustrar, essa tirinha pode servir para ajudar a compreender a ordem de ditadores na história política brasileira.

4.2.4 As histórias em quadrinhos

Do ponto de vista de **histórias em quadrinhos** maiores, podemos afirmar, com certeza, que inúmeras delas são extremamente úteis para as pesquisas históricas. Para iniciar essa exemplificação, nada melhor que a premiadíssima história *Maus*, de Art Spiegelman. Essa história em quadrinhos ganhou o prêmio Pulitzer de melhor história real e, até hoje, é uma das mais vendidas em todo o mundo. Seu enredo conta a história do pai do escritor, judeu, que sobreviveu a Auschwitz, e a maneira com que conseguiu tamanha façanha. O álbum é duro, dolorido de ler, porque mostra o que há de pior no ser humano, bem como a dura face da guerra. Para atenuar um pouco e, ao mesmo tempo, tornar o álbum ainda mais contundente, Spiegelman desenha os judeus como ratinhos, os nazistas como gatos grandes, os poloneses como porcos e os americanos como cachorros. A antropomorfização e a escolha das espécies animais para interpretar as etnias faz o leitor pensar e torna o drama humano ainda mais forte.

Figura 4.7 – *Maus*, de Art Spiegelman, 1980

SPIEGELMAN, A. **Maus – A história de um sobrevivente**. Tradução de Antonio de Macedo Soares. São Paulo: Companhia das Letras, 2005. p. 265.

Esse tipo de manifestação ajuda muito o pesquisador a compreender como eram as reações humanas no período de guerra. Além disso, como o relato é a biografia de um sobrevivente, há muitas coisas que podem ser percebidas, como a relação entre os judeus, a truculência dos alemães, a soberba norte-americana e, mais do que tudo, o sofrimento causado pela guerra. Certas passagens são muito interessantes para o historiador, como o momento em que o pai de Art consegue sobreviver em um trem de judeus porque constrói uma espécie de cama (uma rede) acima das cabeças dos demais, que morrem por falta de ar ou espremidos. Chama a atenção também a questão da delação, uma vez que os poloneses denunciavam judeus para o exército nazista, além da declaração de que, em determinado momento, havia tantos judeus na Hungria que não era possível queimar todos nos fornos. Enfim, uma obra que rendeu vários trabalhos de fôlego mundo afora e ainda tem muito mais a oferecer.

    Do outro lado da guerra, podemos encontrar o quadrinho *Trinity*, de Jonathan Fetter-Vorm, que conta a história da bomba atômica desenvolvida pelos estadunidenses no fim da Segunda Guerra. Esse álbum, ao mesmo tempo em que é histórico, é biográfico e tecnicamente perfeito.

Figura 4.8 – *Trinity*, de Jonathan Fetter-Vorm, 2012

O autor mostra muito bem a personalidade de Robert Oppenheimer, o "pai" da bomba atômica, desde sua fascinação com a nova tecnologia bélica até seu arrependimento por todas as mortes causadas. O quadrinho conta como o projeto ultrassecreto conseguiu ser escondido dos inimigos, da população americana e dos demais militares. Revela, ainda, a parte técnica da bomba, ou seja, ele mostra como foi feita a bomba em detalhes, desde a explicação físico-química da divisão do átomo até a altura que as bombas foram disparadas, visto que elas nunca chegaram a atingir o solo. Mostra, ainda, os motivos pelos quais Hiroshima e Nagasaki foram as cidades escolhidas para serem bombardeadas. Ao final do livro, o autor elencou as referências bibliográficas que utilizou para construir sua narrativa.

Rodrigo Otávio dos Santos

Do outro lado dessa história, temos o ***mangá*** (forma como os quadrinhos japoneses são comumente chamados) *Gen – Pés descalços*, que é a autobiografia de Keiji Nakazawa, na época, um garoto de 7 anos que vivia em Hiroshima no momento em que a bomba foi detonada pelos norte-americanos. Talvez uma das histórias em quadrinhos mais tocantes já feitas, a luta pela sobrevivência, a perda dos entes queridos e o drama da guerra na visão de pessoas indefesas é a tônica do livro, o que é extremamente interessante para o pesquisador justamente por conta da forma intimista de relato. Trata-se de um garoto comum que perde tudo o que tem em razão de uma guerra que ele mal compreende.

Figura 4.9 – *Gen – Pés descalços,* de Keiji Nakazawa, 2001

Para o pesquisador, além de toda a parte do relato de guerra, é interessante observar que os japoneses comuns tinham a certeza de que estavam vencendo a guerra até um dia antes do fatídico 6 de agosto de 1945. Isso se justifica porque toda a comunicação do país era feita pelo governo, que afirmava estar vencendo. As reações das pessoas à radiação foram bem exploradas pelo autor, que mostra pessoas derretendo e morrendo, ao mesmo tempo em que algumas perdem o cabelo e outras têm seu metabolismo alterado. Em um dos quadros mais cruéis da história, vemos uma mulher sem leite amamentando um recém-nascido morto pela bomba. Um álbum forte, mas de enorme apelo histórico.

A pesquisa pode ficar mais interessante quando o historiador junta esses três quadrinhos para forjar apenas uma pesquisa. Com esses álbuns, há duas visões humanas do conflito, uma de cada lado, bem como uma visão mais técnica, para explicar um pouco melhor os planos daquele distante 1945, quando o mundo mudou para sempre.

E ainda há uma miríade de quadrinhos que podem ser utilizados pelo pesquisador para compor ou ajudar a compor suas pesquisas. Destacamos *Príncipe Valente*, de Hal Foster; *Companheiros do Crepúsculo*, de François Burgeon; *Palestina*, de Joe Sacco; *1968: Ditadura Abaixo*, de Tereza Urban; *A Morte de Stálin*, de Fabien Nury; *A Guerra das Trincheiras*, de Tardi, e muitos outros.

Mas, além desses quadrinhos, que são especificamente históricos, temos histórias que nos ajudam a compreender mais o contexto vivido em determinado tempo. Por exemplo, o quadrinho *Valentina*, de Guido Crepax, é uma das principais formas de entender o feminismo na segunda metade da década de 1960, bem como *Tintim*, de Hergé, que revela como um francês colonizador pensava as "suas" colônias nos anos 1930. Apenas como exemplo, no álbum *Tintim no Congo*, feito em 1929, os negros são tratados como inferiores mentalmente aos brancos, praticamente crianças que idolatram o superior europeu – Tintim, naturalmente.

Enfim, charges, cartuns, tiras e histórias em quadrinhos são fontes que podem oferecer uma poderosa contribuição às pesquisas históricas. Porém, como qualquer fonte, elas também devem passar pelo escrutínio do historiador, que deve articular esses documentos com outros do mesmo período e com a historiografia mais atualizada sobre o tema estudado.

Síntese

Neste capítulo, tratamos de fontes importantes para o historiador contemporâneo, ainda que, muitas vezes, elas não sejam consideradas valiosas. Vimos que a indústria cultural e suas crias têm formas específicas de análise historiográfica e contemplamos as mais importantes.Investigamos a questão da música e como analisá-la metodologicamente como um historiador, ressaltando que, se o pesquisador não conhece música a fundo, se não é músico, pode analisar as letras, o que elas dizem e como o dizem.

Examinamos a história dos compositores e os cotidianos em que as canções foram produzidas e analisamos charges, cartuns, tiras e histórias em quadrinhos. Trabalhamos a diferença entre as obras da indústria cultural e, por fim, vimos que essas formas de arte e suas especificidades são muito valiosas à história, contemplando o método pelo qual podemos estudar essas peças do ponto de vista historiográfico.

Atividades de autoavaliação

1. Historicamente, podemos analisar uma letra de música:
   a) em relação às demais letras do artista, ou em relação às letras das pessoas do mesmo movimento, ou, ainda, das demais letras do período.
   b) em relação à música que está sendo executada.
   c) em comparação com as letras de algum artista atual do gosto do pesquisador.
   d) Não se pode analisar letras de músicas na história.

2. Assinale a alternativa que compreende movimentos musicais:
   a) bossa-nova, *rock'n'roll* e expressionismo.
   b) bossa-nova, *rock'n'roll*, *hip hop*.
   c) realismo, *hip hop*, bossa-nova.
   d) rococó, *rock'n'roll* e expressionismo.

3. Uma charge é:
   a) um retrato desenhado de um político ou celebridade.
   b) um desenho – com ou sem texto – que remete imediatamente ao noticiário do dia ou daquele momento histórico.
   c) um desenho – com ou sem texto – que tem características universais de compreensão.
   d) uma piada contada em diversos momentos desenhados.

4. Uma tira de história em quadrinhos é:
   a) uma caricatura feita repetidas vezes ao longo de uma página.
   b) uma história contada por meio de três ou quatro momentos (chamados *quadrinhos*).
   c) um desenho que remete ao noticiário do dia.
   d) um desenho com características universais de compreensão.

5. Um cartum é:
   a) um desenho – com ou sem texto – atemporal, ou seja, que não precisa de entendimento do contexto para ser compreendido.
   b) um desenho – com ou sem texto – que remete imediatamente ao noticiário do dia ou daquele momento histórico.
   c) uma história contada por meio de três ou quatro momentos (chamados *quadrinhos*).
   d) um retrato desenhado de um político ou celebridade.

Atividades de aprendizagem

Questões para reflexão

1. Com seus colegas, escolha cinco canções cujas letras são interessantes do ponto de vista histórico e tente descobrir se elas refletem o momento histórico em que foram criadas e por quê.

2. Selecione um jornal de sua preferência. Você encontra alguma charge que represente o momento político ou esportivo? Você concorda com a charge?

Atividade aplicada: prática

Vá à biblioteca da sua cidade ou encontre na internet uma cópia do semanário *Pasquim*, da década de 1960. Com o jornal em mãos, identifique as charges e compare com o noticiário do mesmo período para entender como os chargistas do Pasquim utilizavam o humor para retratar as mazelas sociais e políticas.

Capítulo 5
A pesquisa histórica

Pesquisadores, não raro, são também professores. E essa parte da profissão, para muitos, é ainda mais importante do que pesquisar. Afinal, o professor está tentando fazer com que seus alunos aprendam História e, ainda mais, se interessem pela matéria. Uma das melhores formas de motivar qualquer aluno de História é promover a pesquisa. Mesmo com as atuais mudanças no tempo e no espaço, que parecem ter encurtado as distâncias, a forma mais interessante de despertar o gosto pelo ontem é fazer com que os interlocutores em sala de aula despertem o gosto pelas fontes, pelos questionamentos do passado. Além disso, é dever do pesquisador-professor tornar a história palatável para os possíveis novos historiadores. Como fazer isso, quais recursos podem ser utilizados, como abordar as fontes e como levá-las para a sala de aula é o desafio que está diante de um professor de História. E também é o cerne deste capítulo.

(5.1)
A SOCIEDADE PÓS-1970

Quando estamos em sala de aula, precisamos de mais informações do que meramente da história. Isso, definitivamente, não basta para que façamos uma boa pesquisa com os alunos na sala de aula. Antes de mais nada, é importante conhecer o público: os alunos. É necessário conhecer, ainda que brevemente e de uma forma muito genérica, o aluno do século XXI. Ele não é o mesmo aluno que frequentava as salas de aula no século XX. Ainda que algumas coisas tenham permanecido iguais, muita coisa mudou. E não mudou apenas porque a escola mudou. Mudou porque o próprio planeta está, constantemente, em transformação. Diversas perspectivas e impressões foram alteradas desde o fim do século XX. Duas das principais, e que veremos mais tarde, são o **presentismo** e o **multimidiatismo**.

Segundo Bloch (2001), a história é um processo de contínua transformação; portanto, quando a sociedade muda, a história deveria mudar também. Um dos grandes problemas que vivemos atualmente, mas que sempre foi um incômodo para os professores em sala de aula, é a divisão da história em períodos. Claramente orientada pela divisão de tarefas oriunda das fábricas, as disciplinas todas foram sendo "compartimentadas" em pequenas caixas estanques que tiram do aluno (e do professor) a capacidade de pensar holisticamente. Quem está, hoje, na faculdade, percebe que a física é indissociável da química e da biologia, por exemplo. Também parece ser claro que não adianta estudar nenhuma dessas disciplinas se não soubermos a língua portuguesa primeiramente. Essa **compartimentalização didática** é (ou deveria ser) utilizada meramente para fins de estudo, haja vista que toda periodização está aberta à contestação, à crítica ou à problematização.

Oliveira (2011) afirma que enormes transformações tiveram curso no Brasil e no mundo a partir, principalmente, de meados da década de 1970, e tais mudanças foram desencadeadas pelas próprias mutações do capitalismo nesse período, com uma industrialização em larga escala e uma velocidade cada vez maior do processo produtivo, gerando um ganho de produtividade exponencial. Esse sistema econômico foi, aos poucos, sendo adotado por todo o mundo capitalista, gerando e alimentando a **sociedade de consumo**, que, hoje, é praticamente o único modo de viver ocidental. Também é interessante deixar claro que o capitalismo chama de *ocidental* todos aqueles que vivem sob sua égide, ou seja, o Japão, embora pertença à banda oriental do planeta, é visto – graças aos seus hábitos capitalistas de consumo – como mais um país ocidental. A própria divisão "primeiro mundo", "segundo mundo" e "terceiro mundo" deixou de fora o segundo, por não haver mais países chefiados pela URSS (União das

Repúblicas Socialistas). Atualmente, há os países desenvolvidos (ou seja, com grande potencial de consumo) e os países em desenvolvimento, aqueles cujos hábitos de consumo não são tão fortes, seja por falta de interesse dos habitantes, seja – principalmente – pela falta de dinheiro, o que faz com que acabem, muitas vezes, alijados do processo capitalista.

Em 1973, houve o primeiro **choque do petróleo**, que, como informa Hobsbawm (2010), elevou o preço do barril mais de 400% em menos de um ano, travando diversas áreas e setores produtivos mundiais. Com a elevação drástica dos preços da principal matriz energética mundial, uma série de transformações estruturais foram implantadas. Nesse contexto, como lembra Oliveira (2011), o processo produtivo passou a depender cada vez mais das subcontratações (também chamadas *terceirizações*), a fim de reduzir custos e remediar as incertezas em relação às taxas de lucro das empresas. Esse cenário, como aponta Piketty (2014), acabou por gerar grande recessão mundial em um período em que o planeta vivia a glória capitalista, depois de ter sofrido duas guerras mundiais e a crise norte-americana em 1929. Com a recessão, naturalmente os empregos diminuíram, ocasionando um enfraquecimento do poder dos sindicatos, que começaram a perder margem de negociação e reivindicação.

Em 1979, **mais um choque do petróleo**, graças à deposição, no Irã, do xá Reza Pahlevi, que, entre outras coisas, desestabilizou o sistema produtivo do óleo combustível. Hobsbawm (2010) chega a falar de aumentos em mais de 100% e menciona que esses aumentos ajudaram a deflagrar a guerra Irã-Iraque. Com mais essa crise petrolífera, o capitalismo novamente se viu ameaçado e, ato contínuo, outra vez houve desemprego e recessão mundo afora. Com o Brasil não foi diferente.

Nem tudo, porém, foi ruim. Em meio a essas reformulações no capitalismo, ocorreu um extraordinário desenvolvimento dos **meios** de comunicação e, principalmente, da **informática**, como indica Johnson (2001). Nesse período, grandes empresas que vendiam ideias, e não mais produtos físicos, começaram a dar seus primeiros passos: Microsoft®, Apple®, Adobe® e tantas outras megacorporações começaram a mudar a forma como os indivíduos interagiam com o ambiente e com as máquinas.

Além do **setor produtivo**, que se integrava cada vez mais aos computadores e suas facilidades, as **operações financeiras** também se beneficiaram do desenvolvimento das comunicações e do processamento de dados. Castells (2006) informa que, em poucos anos, foi criado um mercado financeiro em escala mundial, de forma nunca antes vista na história do globo. As dimensões desse mercado se expandiram tanto e tão rapidamente que, no fim de 2009, as operações financeiras representavam um valor diversas vezes maior que o Produto Interno Bruto (PIB) mundial. Isso sem falar em uma **globalização** como nunca se vira antes no mundo. O comércio, que sempre foi um dos grandes motivos de integração entre os povos, agora era mundial, diário e extremo.

O **neoliberalismo** também teve início nesse período. As pessoas e entidades que defendiam o liberalismo, como informa Piketty (2014), acreditavam que o excesso de regulamentação por parte dos governos foi o que levou à crise mencionada anteriormente. Acreditavam também que o Estado deveria privatizar as empresas públicas, visto que entendiam que elas eram ineficientes e fontes de corrupção. Outro ponto forte era a desregulamentação do mercado de trabalho e a flexibilização das leis trabalhistas, a fim de achatar custos de mão de obra e gerar mais dividendos.

Com a eleição de Ronald Reagan nos Estados Unidos, em 1980, e Margareth Tatcher, em 1979, na Inglaterra, tais ideias começaram a ser colocadas em prática, não sem grande comoção por parte dos trabalhadores. No Brasil, o primeiro a incitar a abertura neoliberal foi Fernando Collor de Mello, em 1990, retirando a atividade regulatória de vários setores produtivos e dando início a um processo de privatizações que, mais tarde, foi consolidado no governo de Fernando Henrique Cardoso, em 1995.

Depois do declínio dos sindicatos e dos movimentos populares, temos uma das maiores características dos tempos atuais: o exacerbado **individualismo**.

(5.2) ACELERAÇÃO DO TEMPO HISTÓRICO E OS DIAS ATUAIS

Há um consenso entre os historiadores de que existe uma **aceleração do tempo histórico**. Como alguns dos fatores normalmente associados ao fenômeno, citamos:

- o avanço das **telecomunicações**;
- o aperfeiçoamento dos **meios de transporte**;
- o acúmulo do **conhecimento** científico e tecnológico;
- a **divulgação** do conhecimento.

Pense apenas no quanto as instituições de busca eletrônica, como o Google ou o Yahoo!, modificaram a vida das pessoas e o conhecimento humano. E essas transformações estão longe de acabar. Muito pelo contrário, estão cada vez mais velozes. Para entendermos o Brasil dos últimos 40 anos, e também quem é o aluno em sala de aula, isso deve sempre ser levado em conta.

Devemos nos lembrar, como faz Santos (2008), que, em 1970, o Brasil ainda era uma sociedade rural. Porém, em 1973, a população urbana ultrapassou a rural, os municípios de tamanho médio encolheram, os pequenos quase desapareceram (normalmente sendo incorporados a municípios maiores) e os municípios grandes explodiram em densidade demográfica. A partir daí a população brasileira cresceu de forma quase que apenas urbana. E, mais do que isso, tendeu a concentrar-se em **grandes regiões metropolitanas**. Com essas mudanças, outras vieram a reboque.

A economia majoritariamente agrária transformou-se em industrial, a sociedade como um todo urbanizou-se, houve – de certa forma – a universalização da educação básica, além de avanços nas áreas da medicina de família e o desenvolvimento de programas de educação e técnicas anticoncepcionais, que acarretaram **mudanças não só comportamentais, mas também sociais**, ligadas, sobretudo, à demografia. Apenas a título de comparação, vamos nos basear nos últimos dados do Instituto Brasileiro de Geografia e Estatística (IBGE, 2015a). Atualmente, cada mulher tem, em média, 1,74 filho. Em 1970, cada mulher tinha, em média, 5,8 filhos. Como essa mudança, outras tantas puseram-se em marcha nesses anos pós-1970. As mulheres estão claramente inseridas no mercado de trabalho, ocupando cargos em todas as posições possíveis; ficam evidentes a liberalização dos costumes e a informalização das relações sociais; existe a aceitação de relacionamentos homoafetivos e uma ascensão da cultura jovem, apenas para citar algumas das transformações.

O **ensino formal** também teve papel essencial na transformação social do nosso país. Com a nova Lei de Diretrizes e Bases, aprovada ainda no governo de Fernando Henrique Cardoso, ampliou-se enormemente o acesso dos indivíduos às faculdades. Atualmente, o déficit de mão de obra qualificada está sendo claramente suprido pelas faculdades e universidades particulares, que, incentivadas por programas governamentais e movidas pelo capitalismo, providenciam estudo de qualidade para uma parcela da população que, por diversos motivos, não teria acesso às federais. Outra mudança, gerada pela consolidação da internet e seu barateamento, foi o ensino à distância. Com a reviravolta tecnológica, pessoas que nunca teriam acesso à educação superior agora tem, aumentando não apenas as estatísticas de pessoas graduadas no país, mas também a massa crítica intelectual e a mão de obra especializada.

Durante esse período, a **indústria cultural** se consolidou no Brasil, as televisões chegaram a praticamente todas as casas do país e o **audiovisual** (em contraponto ao áudio do rádio) imperou como principal fonte de informação e entretenimento. É sempre bom lembrar que, nesse período, os brasileiros começaram a tomar suas noções de história com as novelas e demais produções televisivas ou pela exibição – na televisão – de filmes hollywoodianos.

No campo historiográfico, houve muitas mudanças, algumas delas bastante drásticas. Nesse período, começou a **crítica às concepções eurocêntricas e civilizatórias** da história. Oliveira (2011) relata que as reivindicações de grupos marginalizados ou minoritários pegaram para si o espaço que antes era orientado para a luta de classes. A história nacional, com suas efemérides e seus heróis, foi sendo substituída pelas múltiplas histórias regionais, étnicas ou puramente locais. O foco foi desviado para a cultura, a história das mulheres, a vida cotidiana, a vida privada, a sexualidade, os meios de comunicação de massa etc.

Com esses novos temas e novos problemas, a própria **noção do que são fontes históricas** muda. A partir da década de 1970, a fotografia, as transmissões de rádio, o cinema, os diários, os livros de receita, os testamentos, as histórias em quadrinhos, entre outros milhares de vestígios passaram a ser aceitos na academia como fontes historiográficas.

A aceleração do tempo histórico tem graves consequências para o trabalho do pesquisador e do professor de história. Isso porque parece imperar, na sociedade capitalista como um todo, uma concepção de presentismo, principalmente nas camadas mais jovens da população.

Esse **presentismo**, pontuado por Hartog (2013), é decorrente, entre outros fatores, da efemeridade e da fugacidade propiciadas pelo capitalismo para a produção de bens, notadamente os culturais e intelectuais, mas que afetam também os demais bens de consumo. Pense um pouco. Quanto tempo dura um filme no cinema? Duas semanas? Três? E um telefone celular? Quanto tempo dura até que esteja obsoleto? Um, dois anos? Nesse contexto, se existe ou não um passado, é irrelevante para o entendimento do presente. Não é necessário saber a história do cinema para assistir a um filme, assim como não precisamos saber a evolução dos celulares para ter um *smartphone* poderoso. Oliveira (2011) defende que a sociedade capitalista contemporânea tem uma relação um tanto problemática com seu passado. A sociedade atual privilegia o "inédito", o "novo", o "atual" e todo o foco das pessoas recai sobre esse tipo de produto.

Mas não apenas os produtos são "esquecíveis". Veja, por exemplo, a classe política, que trava uma guerra diária contra o passado. O esquecimento do eleitor é, talvez, a principal fonte de votos, aliado à baixa informação e à incapacidade crítica da população. Candidatos, governantes e partidos normalmente se apresentam como "novos" e com propostas como "chega dos mesmos", ainda que tenham estado presentes na política pelos últimos 10 ou 20 anos.

Por outro lado, a **sociedade da informação** que nos cerca traz um acúmulo de textos, vídeos, áudios e demais elementos como nunca houve na história da humanidade. Para nos "lembrarmos" de algum fato, basta uma pesquisa rápida em um mecanismo de buscas como o Google ou o Bing. E isso pode ser feito diretamente dos nossos celulares, acessíveis em nossos bolsos. Poucos anos atrás (o primeiro *smartphone* data de 2007), nada disso era possível com tamanha facilidade. Nunca a memória local e mundial pôde contar com tantos registros e tantos resgates. E essa característica acaba forjando outra mais interessante ainda: **o interesse popular pela história** não para de crescer. Para comprovar esse fato, basta verificar quantos filmes hollywoodianos foram feitos com temas históricos nos últimos tempos. Há, inclusive, vários canais de TV a cabo destinados parcial ou exclusivamente à história. Oliveira (2011) chega a mencionar, com propriedade, que a maioria dos livros vendidos na categoria não ficção são de história. É inegável como o acesso a uma maior quantidade de informações favoreceu o interesse das pessoas de conhecer mais sua história ou as de outrem.

É importante salientar, porém, que, infelizmente, o interesse pela história que percebemos na indústria cultural não significa um maior interesse dos alunos nos bancos escolares. Repare quantos adolescentes, por exemplo, classificam a matéria de História como "chata". No que tange à pesquisa histórica que se faz nas faculdades, ela parece só interessar aos próprios acadêmicos, em um processo autofágico que, se não é prejudicial, é, no mínimo, inócuo. Raramente um trabalho desenvolvido na universidade chega aos olhos do público. Muito menos chega à base, aos bancos escolares do ensino médio ou fundamental.

(5.3)
História como disciplina acadêmica

O ensino de história, durante boa parte de sua trajetória, dependeu de uma divisão do trabalho intelectual, notadamente demarcada, em que havia uma separação nítida entre os que se diziam **criadores** do conhecimento histórico e aqueles que eram seus **divulgadores**.

Como disciplina acadêmica, a História se constituiu apenas a partir de 1860, na Europa, como informa Koselleck (2006). No Brasil, esse processo levou quase 100 anos para existir. E, como todas as ciências humanas, grandes lutas por legitimação foram travadas; durante esse processo de brigas e legitimação, houve também a procura pela identidade da história, em busca de uma legitimação necessária – e, mais do que isso, também com uma **identidade separada** das demais ciências sociais, como a sociologia, a filosofia ou a antropologia.

Koselleck (2006) relata que, até o fim do século XVIII, por exemplo, a história era aquilo que Deus realizava com/para a humanidade. Algum tempo depois, o conceito de história estava associado a algo específico, como: "história do império", "história da França" ou "história do catolicismo". Para entendermos a história como um campo a parte, houve um percurso laborioso. E uma das etapas dessa jornada foi a **mudança de seu conteúdo e de sua forma**, a partir do fim da década de 1920.

As tradições historiográficas relacionadas aos períodos da História Antiga, História Medieval ou História Moderna perderam sua importância. A história não poderia mais se basear em relatos de pessoas notáveis, heróis ou vilões, nem em grandes acontecimentos singulares, tampouco se referir a fenômenos que não são estudados adequadamente, como milagres, revelações ou profecias. Também não poderia mais ser confundida com meras narrativas ficcionais. Por conta disso, ela teve de adotar **o método**, como expõe Rüsen (2011), e abrir mão de muitos dos meios estilísticos e retóricos de seus relatos. Lembremo-nos de que os meios retóricos são, desde Platão e a Atlântida, uma forma de enriquecer o conteúdo e torná-lo crível, atraindo mais público.

Por conta do academicismo e das normas rígidas que convertem o mero relato em história, a disciplina acadêmica se converteu em um domínio de especialistas. Por conta disso, Oliveira (2011) afirma que os historiadores são praticamente os únicos consumidores dos próprios textos e de seus colegas, atuando como únicos leitores e críticos dos trabalhos alheios, isso porque a história praticada nas universidades foi se tornando **hermética**, difícil demais e, em muitos casos, **ininteligível** para o grande público.

Ao mesmo tempo, completamente descolada da universidade, a história lecionada nos ensinos inferiores tinha como processo de ensino-aprendizagem a memorização de alguns elementos, de heróis ou eventos que se imaginava pertinentes à comunidade nacional – o famoso – e execrado – "decoreba". Além disso, os personagens heroicos deveriam servir de inspiração para os jovens estudantes, em um caso típico de doutrinação ideológica por meio da educação.

Após o fim do regime militar no Brasil, houve uma tentativa de modificar um pouco esses conceitos. Podemos afirmar que, passados 30 anos, muito foi feito e muito ainda há para fazer. Mas estamos melhorando a olhos nus no quesito ensino de história. A terminalidade do ensino de história não deve ser a mera assimilação de efemérides, mas sim o desenvolvimento da capacidade de pensar historicamente, como aponta Oliveira (2011). O ensino deveria partir das ideias históricas já presentes na cultura e no cotidiano dos próprios alunos, pois são essas experiências vividas por eles que os ajudarão a dar sentido ao passado e incorporar conceitos históricos, que, por sua vez, deixam de ter um fim em si mesmos e passam a ter a função de **ajudar os alunos a atingir objetivos**.

Com base em Paulo Freire (2014) e suas ideias pedagógicas, podemos dizer que os conteúdos da disciplina de História devem ser definidos levando em conta a **realidade concreta (prática)** na qual o aluno vive. Com isso, o aluno pode entender a história mais facilmente, como processo constituinte da realidade vivenciada por ele, podendo, a partir disso, pensar autonomamente sobre a história. Para o aluno do curso superior de História, espera-se uma **estreita inter-relação entre teoria e prática**, ou seja, ele deve saber fazer e também saber por que está fazendo, além de dominar a literatura atualizada e a prática extensa de atividades relacionadas à pesquisa.

O pesquisador de história está quase sempre associado à carreira de professor em uma universidade pública. Existem algumas universidades particulares que promovem a pesquisa, mas elas ainda são minoria no cenário nacional. Os professores de universidades públicas dispõem de bolsas e financiamentos para suas pesquisas, mediante determinados níveis de produtividade acadêmica, porém aparecem ainda em menor número.

A realidade brasileira mostra que a maioria dos professores de História estão nos **ensinos fundamental e médio**, no qual a pesquisa formal remunerada inexiste. Os professores da educação básica, em especial os de escolas e colégios públicos, envolvem-se, praticamente, apenas com atividades de *ensino*, e no sentido mais estrito do termo, como salienta Oliveira (2011). Esses profissionais dedicam quase toda sua carga horária à sala de aula, mesmo porque os salários dos professores estão em patamares muito baixos Brasil afora, obrigando os profissionais a procurar e acumular cada vez mais empregos, mais salas de aulas, mais alunos. O pouco de tempo remunerado que não está atrelado à sala de aula é dedicado à correção de trabalhos e à preparação de aulas. As condições são tão precárias que não há como esses profissionais produzirem pesquisas. O **desenvolvimento de pesquisas** no Brasil, então, fica a cargo apenas dos professores universitários de faculdades públicas.

O problema de ser um professor que apenas repassa conteúdos aprendidos é o que Freire (2014) chama de *educação bancária*, ou seja, o aluno é mero depositário de conteúdos que são transmitidos (ou depositados) pelos educadores por meio de memorização ou "decoreba". Para o autor, a única forma de forjar cidadãos críticos é por meio da **educação conscientizadora**, realizada mediante a prática dialógica, que permite autonomia, independência e liberdade para os estudantes. O professor que meramente repassa conteúdos, sem uma análise crítica, nada mais é do que um produto da educação bancária. A saída desse círculo vicioso de memorizações e da falta de crítica é justamente a pesquisa. O ato de pesquisar deveria ser inerente ao ato de lecionar. Isso permitiria ao professor ter autonomia para elaborar a própria interpretação da realidade, de forma dinâmica, contextualizada com a turma em que leciona, para que suas aulas jamais fossem estáticas ou cristalizadas. A cada dia que passa, o professor de educação básica deve se tornar um pesquisador melhor.

Algumas coisas devem ser levadas em consideração no momento em que pensamos dessa forma: primeiramente, que a História é uma **disciplina de erudição**, ou seja, é fundamental que aqueles que se dedicam a ela tenham um conhecimento variado e vasto, de preferência compreendendo todos os ramos das ciências humanas que, de alguma forma, se relacionam com ela. Não é mais possível para um professor de História desconhecer sociologia, antropologia ou filosofia, por exemplo; tampouco é possível um professor não gastar seu tempo estudando coisas relativas à área em que atua.

Oliveira (2011) fala em um estudo "a fundo perdido", ou seja, que não tem necessariamente uma finalidade prática de execução de tarefas. A segunda coisa que deve ficar muito claro aos professores de História é que eles devem estar em permanente atualização. Não podemos conceber um professor de História que não saiba as notícias do dia nem os desdobramentos políticos e sociais do país. Além disso, como o estudo da história está sempre em constante modificação, livros novos, novas leituras e novas abordagens saem a todo momento, e cabe ao professor atualizar-se em relação a isso. Com o passar dos anos, fica cada vez mais evidente, no Brasil, que apenas um professor-pesquisador pode tornar-se um docente capacitado.

(5.4) O USO DAS FONTES HISTÓRICAS EM SALA DE AULA

A expectativa em relação ao professor atual é a de que ele utilize diversas técnicas e materiais para fazer com que suas aulas sejam mais atraentes, melhores e mais relevantes para os alunos. Um dos principais meios de fazer isso na disciplina de História é pela utilização de fontes históricas em sala de aula.

Não é de hoje que os Parâmetros Curriculares Nacionais (PCN) do ensino de História indicam e até incitam a utilização de **documentos históricos** na sala de aula. Prova disso é que, há algum tempo, essa prática é comum na educação básica. Quando falamos do primeiro ciclo do nível fundamental, o que se destaca é o objetivo de conseguir que os jovens alunos descubram as funções das fontes trazidas pelos professores. Elas devem ser interpretadas, analisadas e comparadas pelos alunos. Deve ficar claro para eles que os documentos não relatam exatamente como foi a vida no passado. Mesmo porque a grande maioria deles sequer foi produzida com a intenção de registrar para a posteridade como era determinado cotidiano.

Os PCN também lembram da necessidade de **métodos analíticos**, uma vez que a leitura dos documentos deve privilegiar a coleta de informações internas e externas a eles, para favorecer o trabalho de interpretação e contextualização. Deve ficar claro para os professores que o uso dos documentos não pode nunca se esgotar em mero exame do documento em si. Os PCN lembram o tempo todo da necessidade do cruzamento de informações da fonte levada para a sala de aula com outras bases de dados e referências, uma vez que nenhum documento individual pode proporcionar uma visão geral do contexto. Para Oliveira (2011), o uso dos documentos históricos na sala de aula só se torna atividade significativa quando relacionado à alguma problematização.

Um aluno entre o sexto e o nono ano, do ponto de vista dos PCN, deve ser capaz de perceber a diversidade de documentos históricos existentes e de identificar as características básicas dos documentos históricos, como momento, local de produção e autores. Também é importante que os alunos consigam comparar diversos documentos e fazer sínteses deles. Os PCN reforçam, ainda, que os documentos não falam por si; eles precisam ser interrogados com base em determinado tema, em uma inter-relação presente-passado. Um método específico deve ser escolhido e o professor deve indicar procedimentos adequados para orientar a observação e a identificação de ideias, temas e contextos.

Cabe ao professor orientar os alunos para que eles desenvolvam **habilidades de oposição, associação e identidade** entre diversos documentos e as informações levantadas em sala de aula. As relações e os contextos de produção também devem ser compreendidos pelos alunos, bem como as diversas manifestações do passado em um texto. Por exemplo: é interessante, em um jornal, além do texto, analisar também diagramação, fotografias, outras imagens, charges e anúncios. Tudo isso vai ajudar o aluno a reconstruir o passado em determinada conjuntura proposta.

Para os alunos do ensino médio, os PCN trazem o mesmo teor de ideias, ou seja, fazer a análise de um documento como artefato socialmente produzido, não caindo na tentação de acreditar que o documento é a realidade fidedigna do momento passado. O ideal é **ampliar o conceito de fontes históricas** que podem ser utilizadas pelos alunos. Nesse ponto da formação, os documentos oficiais são tão válidos quanto mapas, gravuras, charges, caricaturas, histórias em quadrinhos, poemas, filmes cinematográficos, letras de música, cadernos de receita, diários íntimos, panfletos, pinturas, reportagens escritas e reportagens e matérias veiculadas pelo rádio, televisão e internet. Além deles, são lembradas as fontes de história oral.

Para que o professor utilize com efetividade todas essas fontes históricas com os estudantes da educação básica em sala de aula, a metodologia prevê, no mínimo, **três etapas:**

1. Identificação;
2. Interpretação;
3. Problematização.

Antes mesmo de começar a usar as fontes na sala de aula, ou melhor, antes de levar algum documento para os alunos, o professor tem como obrigação fazer uma **pesquisa precedente sobre as fontes**. Isso deve ser feito com base tanto nas demais fontes existentes do período quanto na própria literatura historiográfica. Depois disso, o professor deve preparar a reprodutibilidade dessa peça para os alunos. Relembrando: se for um texto em papel, bastam fotocópias em número suficiente para os alunos; se for um áudio, é preciso preparar as caixas de som e os equipamentos; se for um audiovisual, deve-se preparar a televisão ou o equipamento retroprojetor e o áudio para a exibição.

5.4.1 Identificação

A primeira etapa que veremos para a utilização das fontes históricas nas salas de aula é a identificação. Com ela, de acordo com Oliveira (2011), os alunos – com apoio do professor – tentam **buscar informações dentro e fora do documento** apresentado. As primeiras informações identificáveis são a data e o local de origem da fonte. Normalmente – principalmente em documentos – elas são percebidas na primeira leitura do documento original. Algo como "São Paulo, 10 de janeiro de 1920" aparece nos cabeçalhos ou em locais de fácil visualização. Caso essa informação não exista no documento, um esforço para propor estimativas deve ser feito.

A finalidade a que se destinava o documento no contexto de sua produção também deve ser levantada com o mesmo procedimento, ou seja, verificando a fonte e dialogando com seu cabeçalho ou algo semelhante.

Uma vez estabelecidos local, data e finalidade, cabe uma distinção muito interessante para os alunos: o documento apresentado foi confeccionado, na sua origem, com a deliberada intenção de promover um registro futuro para a história ou era meramente um documento técnico, prático, destinado apenas a resolver uma questão pontual? A partir daí, é preciso **contextualizar o documento** para compreender sua inserção na conjuntura em que foi produzido. Cabe ao professor passar aos alunos as noções de que o documento deve ser entendido como mais um produto da época em que foi gerado. Ele deve pedir que os alunos atentem para as características mais importantes do documento, sempre à luz do contexto geral passado em sala de aula. Os alunos podem prestar atenção tanto nas partes muito evidentes do texto quanto nos silêncios inexplicáveis sobre este ou aquele assunto que deveria estar na pauta, mas que, por algum motivo, não está. Lembrando sempre que o contexto se estabelece em dois níveis: primeiro, o **contexto geral** do período e, posteriormente, o **contexto específico** da produção daquela fonte.

5.4.2 INTERPRETAÇÃO

A etapa seguinte, ainda seguindo os ensinamentos de Oliveira (2011), é a parte da interpretação. Nela, os alunos devem perceber que discursos são proferidos por indivíduos, que atuam como **agentes históricos** de seu tempo. Assim, deve ficar evidente para os alunos que os textos não são homogêneos, porque cada indivíduo (ou grupo de indivíduos) sente e expressa sua verdade em diferentes níveis econômicos, sociais e políticos. Com isso, cada discurso é singular, visto que é enunciado por um ponto de vista e, novamente recorrendo a Bakhtin (2011), lembramos que nenhum desses processos dialógicos é neutro, ou seja, cada um dos indivíduos tem sua agenda e sua visão do todo; todo discurso é **socialmente determinado**.

Estabelecer qual é esse ponto de vista pelo qual o autor da fonte histórica fala é, ao mesmo tempo, parte do trabalho de identificação da fonte e uma etapa da interpretação. A que interesses ele atendia? Quais seus objetivos e intenções? Quais valores, doutrinas e ideologias são transportados com o texto? As respostas para tais questões podem ser buscadas em dois níveis:

1. no que diz respeito à forma, ou seja, a **retórica**, o estilo e a linguagem;
2. no que diz respeito ao **conteúdo**, que dá sentido aos fenômenos históricos, aos indivíduos mencionados, ao valor dos eventos, às estratégias etc.

5.4.3 Problematização

A terceira etapa que Oliveira (2011) apresenta é a problematização, ou seja, a **construção de questionamentos**, problemas que as fontes ali postas podem ajudar a responder. Grupos sociais dirigem-se à história para buscar entender como e por que determinado estado de coisas se formou e, também, para tentar interpretar as diferentes implicações que a transformação da sociedade ao longo do tempo tem sobre o presente.

É em virtude desse último aspecto que podemos afirmar que as possibilidades de problematização de uma fonte são inúmeras e se modificam ao longo do tempo. Cabe ao professor, então, promover a reflexão com os alunos para que, juntos, eles considerem questões relevantes e criem diferentes problemáticas para as fontes ali postas e seu contexto.

5.4.4 Manejo das fontes

Uma vez que tenhamos compreendido as diferentes etapas da utilização da fonte na sala de aula, devemos lembrar que, em nenhum momento, é preciso levar os documentos originais, mesmo porque a manipulação de arquivos importantes não deve ser feita por várias pessoas ao mesmo tempo, pois o documento pode ser depredado. O melhor é levar para sala de aula cópias, assim, os alunos não precisarão se preocupar com o manuseio. Outra coisa importante é o vocabulário: ele é fundamental para a compreensão dos alunos. Não adianta levar uma cópia da *Bill of Rights* se os alunos não sabem inglês. Também não adianta levar algo em português arcaico, pois não haverá compreensão. Em ambos os casos, torna-se necessária a tradução.

No caso dos **documentos escritos**, há vantagens evidentes quanto à praticidade. Primeiramente, existe a familiaridade dos alunos com o papel. Tomando o cuidado de traduzir as peças a serem mostradas, os alunos não estranharão a fonte. Outro ponto positivo é a facilidade de reprodução. Basta tirar fotocópias ou imprimi-las. Na internet, existem milhões de documentos disponíveis para impressão e divulgação. Apenas como exemplo, atualmente, as principais revistas e jornais do país têm todo seu acervo digitalizado disponível na internet, apenas esperando para entrar em sala de aula.

Outro modo de trazer a história para a mente dos alunos é tirando-os de sala de aula. Visitas a **museus** podem ser extremamente bem-sucedidas como processo de aprendizagem, tanto que os PCN apontam esse tipo de visita como fundamental para a formação dos alunos. Os museus guardam a materialidade da história; os vestígios, os elementos, as fontes; e, além de guardá-los, os preservam, os conservam, mostrando aos alunos de que forma a história pode ser mantida ainda viva.

Na época anterior ao predomínio da televisão como entretenimento fundamental das famílias, visitas a museus e exposições eram atividade de recreação comum para grande parte da população que vivia nas imediações. A partir da capilarização da televisão, ou seja, de sua interiorização, quando ela atingiu virtualmente todos os lares brasileiros, em meados da década de 1970, o interesse pelos museus declinou a olhos vistos, a ponto de eles não serem mais considerados instituições relevantes ou significativas para a maioria da população brasileira (e talvez do mundo). Prova disso é que cerca de 80% dos municípios brasileiros sequer tem um museu. Chega a ser lastimável o fato de que, no Brasil, país com 8.515.767 km², existem, hoje, pouco mais de 2 mil museus.

Para o professor que deseja levar seus alunos a um museu, há alguns desafios. Ainda compartilhando os ensinamentos de Oliveira (2011), vemos que o primeiro deles é o tempo. As aulas, em geral, têm 50 minutos de duração. Nesse tempo, é impossível fazer uma visita técnica a um museu. Além disso, há o problema do espaço. Como dissemos, apenas 20% dos municípios brasileiros contam com museus, ou seja, o professor terá, muitas vezes, de pegar um ônibus e se dirigir para outra cidade a fim de fazer a visita.

A primeira parte do processo da visita a um museu depende do professor – e é a parte do planejamento inicial. Uma das etapas a serem vencidas é estabelecer quais outras disciplinas também se beneficiariam da visita. Esse olhar multidisciplinar tem um valor científico muito claro: mostrar ao aluno que a compartimentalização de conteúdos só existe para fins didáticos; porém, ela tem um valor prático. Com mais uma disciplina aproveitando a visita, mais professores estarão lá para tomar conta da turma e para ceder o tempo de sua aula a essa dinâmica. O professor de História deveria fazer algumas visitas prévias ao museu, para conhecer bem a coleção e saber o que mostrar e o que pode ficar de fora do olhar dos alunos para este ou aquele conteúdo ministrado em sala de aula.

A fim de ajudar o professor nessa e na etapa seguinte, que é a **pesquisa e interpretação do acervo**, uma boa assistência pode ser conseguida por meio de um guia ou descritivo do museu, além de uma visita ao *site* oficial ou ao catálogo da exposição. O professor deve, antes da visita, conhecer bem o acervo que será mostrado aos alunos, quais suportes informacionais existem, qual a origem e as transformações das exposições, além de outros detalhes que, certamente, deixarão os alunos curiosos e que o professor deveria saber responder, como a consistência das coleções ou o fato de esta ou aquela peça ser original ou réplica. Outra questão interessante que deriva do conhecimento do acervo é saber qual ênfase dar para os alunos e o que é optativo, o que pode ser abandonado no caso de ausência de tempo, por exemplo. O fato é que a visita ganha mais qualidade na medida em que mais esforço for dispendido na preparação prévia.

No que tange à preparação dos alunos, a principal atividade pré-visita seria a elaboração – para os alunos – de um **roteiro específico** para aquela visita, destacando o que é mais importante, o que é menos importante e, até mesmo, aquilo que não será visto por falta de tempo, indicando futuras visitas (em conjunto com a escola ou como lazer com a família). Nesse roteiro, devem estar contidas informações básicas sobre o museu, a coleção a ser vista e suas múltiplas formas de leitura. É interessante também já deixar claro para o aluno qual será a avaliação ao qual ele será submetido após a visitação. É bom lembrar que a visita ao museu não pode e nem deve ser um fim em si mesma. O professor deve encarar a ida ao museu como uma atividade ligada ao processo de ensino-aprendizagem na área das ciências humanas, que tem como objetivo desenvolver o uso de tecnologias. Em suma, ir ao museu é uma visita técnica.

Uma vez que a busca é por um **olhar técnico**, este deve ser direcionado, quando da análise da coleção e de cada uma das peças individualmente, para os processos metodológicos aqui mencionados, como identificação, interpretação e problematização, além da contextualização e da crítica. Para a avaliação dos alunos com base na visita técnica, os meios mais comuns são a descrição, a interpretação e a problematização da exposição (ou de algum item em especial), sempre com vistas ao conteúdo praticado em sala de aula.

Outra fonte histórica muito importante e com apelo muito bom para os alunos é o **audiovisual**. Comecemos com a obviedade que é a via audiovisual (cinema e televisão principalmente), meio pelo qual a maioria das pessoas dá início à sua visão histórica. Assim, fica evidente que os desafios são enormes ao utilizar esse tipo de mídia, de documento, mas os resultados são definitivamente recompensadores, apesar de os PCN da educação básica falarem pouco sobre eles. Nos PCN do ensino médio, há mais considerações sobre o uso do cinema ou da teledramaturgia em sala de aula, mas, mesmo assim, ainda faltam alguns detalhes, como as competências e as habilidades que se esperam dos estudantes desse período.

Napolitano (2010) informa que todo material audiovisual que é trazido para dentro da sala de aula deve ser encarado como problema de pesquisa, como desafio para os alunos, como objeto de reflexão e debate, jamais uma "visão de como era na época" – perspectiva que, infelizmente, ainda é utilizada por alguns professores. O material audiovisual sempre deve ser encarado como fonte qualquer, ou seja, com a utilização dos mesmos métodos de análises, os mesmos procedimentos e as mesmas críticas. O professor deve lembrar os alunos que o filme, a telenovela, o documentário, o telejornal etc. são construtos sociais e, portanto, frutos de determinado tempo e espaço. É preciso conhecer os detalhes e as circunstâncias em que foram produzidos e de que forma as condições foram influenciadas pela conjuntura que se vivia no período de produção da fonte.

A indústria cultural deve ser tratada quase que da forma literal, como Adorno (1999) aponta: um ramo do setor industrial que produz **bens simbólicos**. Assim, é interessante que os alunos sejam levados a refletir sobre o papel da indústria de forma geral e entender que a cultural é apenas mais uma (como a madeireira ou a de calçados, por exemplo); sendo assim, tem como principal foco gerar lucro, atendendo, para isso, apelos de consumidores e demandas de mercado. Importante também mostrar as especificidades desse ramo de negócios, com questões específicas para os elaboradores de audiovisuais relacionadas à indústria cultural.

Uma vez que os alunos tenham percebido as condições de produção e consumo, o próximo passo é atentar para o conteúdo da obra. É preciso lembrar os alunos que aquilo que é mostrado na tela tem de atingir de alguma forma o público e, ao mesmo tempo, satisfazer patrocinadores, a sociedade e o poder estabelecido; do contrário, muito certamente será um retumbante fracasso. Com isso, milhares de liberdades são tomadas e, naturalmente, o conteúdo histórico acaba sendo distorcido. Os alunos devem perceber que toda produção audiovisual é mera **representação da realidade** e que, de forma alguma, pode ser pensada a partir da expressão "naquela época era assim" por parte do professor.

No caso específico do filme histórico (seja ele ficção ou documentário), deve-se pesquisar a relação que ele mantém tanto com a época em que foi realizado quanto com aquela que retrata. É preciso mostrar aos alunos, como insiste Napolitano (2010), que a época em que o filme foi concebido tem implicações no que tange à sua realização. Seu conteúdo, seu financiamento, as pessoas envolvidas na produção, tudo isso tem de ser considerado, além das questões de distribuição e os impactos cultural e financeiro obtidos (e quais se esperava obter).

Do professor-historiador espera-se a realização de pesquisas prévias aos documentos não ficcionais antes da exibição do audiovisual. É importante que o professor leve os alunos a distinguirem o que era a realidade histórica e o que é a ficção fílmica, de forma que eles compreendam que o que está se passando na tela é uma encenação. É importante também levantar a maior quantidade possível de informações acerca do filme em questão. Quanto mais o professor souber sobre as condições de produção, melhor vai saber diferenciar realidade de ficção para estabelecer os motivos que levaram a equipe a fazer esta ou aquela escolha em relação ao produto final. Conhecer a história do cinema também pode ser bem salutar, até para uma melhor compreensão da evolução técnica da sétima arte e das restrições e possibilidades de uma obra fílmica.

Do ponto de vista da metodologia prévia do audiovisual trabalhado, Oliveira (2011) distingue três níveis distintos e complementares:

1. O primeiro nível é o **conteúdo explícito da obra**, ou seja, que história nos conta? Quais os sentidos implícitos e explícitos da narrativa? Como são retratados os personagens? Quais personagens são valorizados e quais são desvalorizados? Quais componentes da conjuntura histórica são lembrados e quais foram esquecidos?
2. O segundo nível são as **condições de produção**. Quando o filme foi produzido? Por quem? Quem financiou? Quais outros filmes da mesma empresa estavam em cartaz em momentos próximos a esse? Quanto custou? Quanto arrecadou? Qual sua presença nas bilheterias? Como cada um dos principais envolvidos se manifestou no filme (diretor, atores, produtores, roteiristas etc.) e como isso afetou o conteúdo final?
3. O terceiro nível é o da **recepção do filme**. É importante verificar como a audiência se comportou perante o filme. Gostou? Não gostou? Criticou? Não entendeu? E o mesmo pode-se dizer dos críticos especializados em cinema. Se eles gostaram, quais os motivos para tal; se não gostaram, também. Em geral os críticos (diferentemente do público) explicam bem os motivos que os levaram a gostar ou não de determinado produto.

O grande problema da exibição de um filme em sala de aula é justamente o tempo de duração. As aulas têm, em média, 40 minutos (temos de descontar o tempo da chamada, o tempo para a arrumação do vídeo, algum eventual atraso etc.) e um filme tem, em média,

100 minutos, ou seja, mais do que o dobro. Por isso, muitas vezes, é interessante exibir apenas parte do filme. Para tal, um aprendizado importante para os professores é o de edição básica de cinema. Atualmente, existem diversos *softwares* gratuitos que realizam funções simples de cortar ou mesclar dois filmes em um só. Basta olharmos na internet e teremos uma miríade deles à disposição.

Os **depoimentos orais** são outro tipo de fonte muito valiosa para os alunos, mesmo porque, de acordo com Oliveira (2011), são as mais recorrentemente utilizadas em sala de aula, em todas as séries. Isso porque as entrevistas são geralmente feitas com familiares, vizinhos ou amigos dos alunos, ou seja, não geram nenhum tipo de ônus para eles. Os PCN sempre incentivam a realizar entrevistas, coletar depoimentos, registrar, analisar e debater os resultados. Essas atividades envolvem os alunos diretamente na produção e interpretação dos dados, o que permite que eles experimentem, na prática, as agruras e as benesses do processo de construção do saber histórico e ainda consigam dominar conceitos mais amplos e mais abstratos, pois essa realidade é mais próxima dos estudantes.

As indicações para orientar o trabalho com fontes orais envolvem, primeiramente, a necessidade de encontrar pessoas que se submetam à entrevista. Em geral, como falamos, são familiares, amigos ou vizinhos dos alunos. Nas entrevistas, os alunos podem dialogar sobre as vivências específicas das pessoas em determinada localidade, suas histórias de vida, a lembrança de eventos passados e também as mudanças (ou permanências) que ocorreram na sociedade ao longo do tempo, sob a ótica da pessoa entrevistada.

Como qualquer metodologia, a história oral também tem suas limitações, e as de ordem mais prática podem ser as primeiras constatadas pelos alunos e também pelo professor. De início, talvez a primeira dificuldade seja encontrar uma pessoa com o perfil adequado para a entrevista. Mas, mesmo que o aluno encontre essa pessoa, nada garante que ela esteja disponível ou mesmo aberta para um diálogo. Isso sem falar nos mais idosos, que talvez não tenham mais condições físicas de dar entrevistas.

O engano mais comum dos alunos em relação à história oral é imaginar que, pelo fato de estarmos diante de um partícipe do fato, ele esteja falando a verdade, ou melhor, que a verdade esteja no que ele diz. Normalmente a pessoa não está mentindo, apenas tem uma **visão peculiar da realidade**. E essa visão está nublada por dois motivos: um deles é a dificuldade de enxergar o todo, haja vista que ela estava participando ativamente de um pedaço do processo: logo, como um juiz em um campo de futebol, não tem capacidade de enxergar tudo o que está acontecendo ao mesmo tempo; o segundo motivo é que a memória das pessoas é socialmente construída em um processo diário, ou seja, o que eu lembro hoje talvez lembre diferentemente amanhã. A **memória** nos prega peças e, não raro, aumenta, diminui ou distorce fatos antes lembrados com exatidão. Destacamos, ainda, que boa parte dos entrevistados também pode ter uma idade mais avançada, caso em que as metamorfoses da memória ocorreram mais vezes.

A fala de qualquer pessoa deve ser submetida aos mesmos procedimentos de heurística, crítica e interpretação presentes em uma fonte histórica qualquer. Ou seja, não é porque a pessoa está dando um depoimento que o que ela fala está isento de crítica e análise. As fontes orais nada mais são do que outras fontes, tão válidas ou tão inválidas quanto os textos, os filmes ou as fotografias. Elas são, em princípio, merecedoras de tanta desconfiança quanto as demais fontes.

Das formas de abordagem entre alunos e suas fontes de história oral, algumas técnicas são interessantes. A primeira é o **questionário**. Ele é utilizado com mais frequência, pois é a mais simples e mais econômica de todas as metodologias. O estudante leva ao entrevistado um conjunto determinado de perguntas, para as quais se esperam respostas precisas e objetivas. Além do que, é o tipo de fonte oral que mais facilmente se presta à comparação entre entrevistados, visto que todos os alunos farão as mesmas perguntas para seus entrevistados, o que gera indicadores mais precisos e mais fáceis de manusear. Por outro lado, essa técnica não dá chance de o entrevistado intervir e dialogar com o entrevistador. Talvez alguma coisa importante escape à entrevista simplesmente porque, no momento de elaboração do questionário, ela não foi prevista.

A segunda metodologia de fonte oral é a **entrevista dirigida**, quando o aluno indaga sua personagem sobre questões relativas ao tema da entrevista, que é dividida em tópicos, porém sem elaborar perguntas prontas: apenas faz algumas indicações sobre o que desejaria saber. Com isso, a personagem tem relativa liberdade para abordar o assunto e para definir quanto falará sobre este ou aquele tema em particular. Essa liberdade é provavelmente a maior vantagem existente nesse tipo de abordagem. A desvantagem é que, como as respostas tendem a ser mais extensas, a comparação fica mais dificultosa e muito mais restrita, pois um entrevistado pode falar de algo totalmente diferente de outro entrevistado, fazendo com que os alunos tenham dificuldades para encontrar pontos comuns em ambas as personagens.

A **história de vida** é, como o próprio nome indica, uma técnica de história oral na qual o aluno reconstitui a vida pessoal do entrevistado, geralmente em ordem cronológica e atrelado aos acontecimentos do contexto. Esta é, naturalmente, a técnica mais extensa, cara e demorada. Por esses motivos, normalmente é reservada para pessoas realmente singulares, cuja vida e obra tiveram uma relevância maior do que a da maioria da população. Dessa forma, é quase que, naturalmente, a menos utilizada nas salas de aula.

Por fim, vamos tratar de alguns passos necessários para a **elaboração de uma pesquisa** com história oral em sala de aula (Oliveira, 2011):

a) O primeiro passo sempre deve ser a **definição e a delimitação do problema**. De preferência, cabe ao professor elencar um problema que esteja próximo ao universo dos alunos, para que as pessoas entrevistadas estejam próximas, acessíveis e disponíveis.

b) Em seguida, professor e alunos deveriam **desenvolver um questionário** em conjunto ou um roteiro de entrevista, de modo que todos os alunos tenham respostas relativamente próximas, ajudando na padronização e na análise posterior dos resultados.

c) O passo seguinte é a efetiva **execução das entrevistas**.

d) Uma vez efetuadas as entrevistas ou os depoimentos, os alunos, com o professor, devem seguir à fase de **sistematização dos dados**.

e) Após essa fase, cada aluno (ou equipe de alunos) deve providenciar uma **redação analítica** sobre as entrevistas e o contexto proposto em sala de aula ou, então, um relatório das atividades executadas e a forma como essas atividades ajudaram no entendimento do problema proposto pelo professor em sala de aula.

f) Para finalizar o processo, seria interessante também realizar um **fechamento**, quando cada equipe pode fazer um painel contando suas descobertas ou criar um fórum em forma de debate, para que os estudantes entendam mais o contexto proposto a partir de suas fontes.

De qualquer forma, nenhuma abordagem teórica contempla a possibilidade de o professor ser mero reprodutor de conteúdos pesquisados por outras pessoas (separação entre professor e pesquisador). Na prática, é ainda muito difícil que os professores consigam se tornar também pesquisadores, por algumas das razões expostas anteriormente, em particular as condições de trabalho desse profissional. Porém, há de se destacar que, atualmente, os professores podem se dedicar mais à pesquisa, mesmo porque, em muitos aspectos, ela está mais facilitada. Primeiramente, a internet está muito mais disponível hoje do que há dez anos. Existem inúmeros *websites* úteis para a pesquisa docente, com temas prontos e uma miríade de materiais e fontes disponíveis ao clique do *mouse*. E o mais interessante é que, a cada dia, mais *sites* úteis surgem no cibermundo. Também não podemos esquecer os *websites* governamentais de apoio aos professores.

> **Para saber mais**
>
> Apenas como exemplo, o Portal do Professor, do Ministério da Educação (MEC), é um *website* que abrange inúmeros materiais, cursos a distância, conteúdos multimídia etc., além do Jornal do Professor, que tem como missão divulgar notícias e novas metodologias aos docentes. Essa iniciativa encontra eco em diversas unidades da federação com seus correspondentes do portal educacional federal.
>
> PORTAL DO PROFESSOR. Disponível em: <http://www.portaldoprofessor.mec.gov.br>.

Ainda assim, dos vários materiais que o professor tem à mão, nenhum é mais importante do que o **livro didático**, afinal, ele ainda é o principal instrumento de trabalho do professor. Como todos sabem, a qualidade dos livros didáticos varia muito, desde os excepcionalmente bons até os pavorosamente ruins. Sempre que puder interferir, cabe ao professor lutar pela compra de livros melhores (que, em geral, são um pouco mais caros), pois eles acabam por ajudar na sua prática profissional.

O professor, segundo Oliveira (2011), tem de ter, no livro didático, seu primeiro objeto de pesquisa. E como tudo no mundo, o livro se insere em um tempo e um lugar específicos. Além disso, está inserido na historiografia, ou seja, faz parte da história do pensamento e da reflexão humanas sobre a história. A diferença de um livro acadêmico para um livro didático é, fundamentalmente, o aspecto da reflexão, pois o livro acadêmico é escrito para iniciados, ao passo que um livro didático foi escrito para ser lido por pessoas que ainda não dominam aquele conhecimento. Além disso, o livro acadêmico explicita as metodologias utilizadas por ele, coisa que o livro didático praticamente nunca faz.

Cabe ao professor-pesquisador dissecar o livro didático que ele ou a escola adotam. Entender o sentido que ele imputa à história, além de tentar descobrir as orientações ou as intenções que fizeram com que este ou aquele conteúdo fossem inseridos (ou retirados) da pauta escolar. Também é interessante reconstruir as referências teóricas e as orientações metodológicas nas quais se baseiam tais interpretações. Outra tarefa interessante é descobrir – em conjunto com os alunos – os motivos de certas imagens estarem ali. Afinal, as imagens não são aleatórias, e interpretá-las vai ajudar na interpretação do livro como um todo. Enfim, o livro didático é uma das principais fontes de pesquisa para um bom professor.

Rodrigo Otávio dos Santos

(5.5)
Projeto de pesquisa em História

Deixamos para o fim deste livro a parte do projeto de pesquisa propriamente dito. Isso porque, agora, depois de conhecer as formas de pesquisa, as fontes e até sua aplicação em sala de aula, devemos nos concentrar em como desenhar um bom projeto de pesquisa específico para a história.

O início de todo projeto é a **introdução**. Nela, o pesquisador vai determinar e explicitar o que vai fazer. Além disso, como informa Barros (2015), vai se tornar uma espécie de resumo do projeto. Nesse espaço, o historiador conta ao leitor o que fará ao longo do projeto. Além disso, é muito importante que o texto esteja "chamando" o leitor para ler o restante do projeto ou da pesquisa. A introdução deve fazer o gancho para que a leitura não seja abandonada, ao mesmo tempo em que deve despertar curiosidade sobre o restante do texto.

Na introdução, o pesquisador deve inserir o tema, delimitando o que vai estudar exatamente. Por exemplo, um historiador pode pesquisar a juventude urbana na década de 1980 no Brasil. Perceba que o tema está delimitado no espaço e no tempo. Primeiramente, essa pesquisa será feita apenas com jovens urbanos, ou seja, o pesquisador disse ao seu leitor que não trabalhará nem com pessoas adultas, nem com idosas e nem com crianças. Além disso, descartou a zona rural e também as cidades menores e os outros países. O interesse da pesquisa está concentrado no Brasil, não na Europa, na África ou nos Estados Unidos. Temporalmente, defende que estudará apenas uma década, a de 1980, deixando de lado tudo o que ocorreu antes desse período e também o que ocorreu depois.

Em seguida, normalmente, vem a **justificativa**, ou seja, o historiador vai precisar para o leitor os motivos que o levaram a discutir o tema em questão. Nesse momento, é necessário justificar a escolha do tema e demonstrar a relevância acadêmica e social do trabalho que se pretenderá realizar. Mostrar os benefícios que sua pesquisa pode trazer à sociedade e à comunidade científica de historiadores, além de demonstrar qual lacuna historiográfica o projeto pretende sanar e a pertinência de sua pesquisa com relação às pesquisas históricas do mesmo tema. Para isso, o pesquisador pode até mencionar outros trabalhos de outros pesquisadores, a fim de demonstrar que o campo é fértil para uma pesquisa como aquela. Além disso, é interessante mencionar a viabilidade da pesquisa, precisar que as fontes são, de certa forma, fáceis de serem encontradas, seja em posse do autor da pesquisa, seja em forma de acervos de bibliotecas ou na internet. Lembramos que não existe trabalho historiográfico sem fontes. Então, estar com elas "à mão" é uma necessidade premente. Por último, mas não menos importante, é preciso destacar a originalidade do tema proposto, uma vez que cada novo tema – ou novo olhar sobre o tema – ajuda a construir o saber histórico.

A próxima parte do projeto de pesquisa abrange os **objetivos**, ou seja, demonstrar a finalidade da pesquisa proposta. Segundo Barros (2015), essa etapa é muito simples, pois, normalmente, as frases são curtas, começando com os verbos no infinitivo. Além disso, os objetivos podem ser numerados, como uma lista de tópicos. Aliás, essa é a única parte da pesquisa que pode ser feita em forma de tópicos: o objetivo primário, o secundário, o terciário, e assim sucessivamente. Note que não adianta colocar muitos objetivos, pois é mais interessante ter menos objetivos densos do que diversos objetivos passageiros. Normalmente, três ou quatro objetivos são suficientes.

Em seguida, temos a **revisão bibliográfica**, ou o **quadro teórico**. Nesse momento, o pesquisador vai listar quais livros e autores utilizará para fazer seu trabalho. Aqui, é necessário explicitar os fundamentos teóricos que embasam a pesquisa, quais conceitos, categorias e referenciais serão utilizados, além de demonstrar quais são os autores responsáveis por eles. É interessante perceber que é mais importante a discussão dos conceitos propriamente ditos do que exatamente listar todos os livros que irá utilizar. É importante discutir o que cada autor fala e elaborar um diálogo dos autores entre si, bem como entre os autores e a pesquisa propriamente dita. Conferir e explicitar os pontos de convergência e de divergência são tarefas do historiador nesse momento.

Logo em seguida, deve-se incluir as **hipóteses**, que são efetivamente o cerne da pesquisa. O que o pesquisador precisa explicitar aqui é uma resposta ou uma possibilidade de resposta. Trata-se da problematização de determinado período ou acontecimento histórico. Atualmente, de nada adianta simplesmente listar – em ordem cronológica – os acontecimentos que sucederam; é importante descobrir o porquê as coisas aconteceram ou seus desdobramentos. Sem uma boa pergunta, simplesmente não há pesquisa.

A hipótese é mais do que uma conjectura, uma vez que é necessário que ela passe por um processo de verificação, quando poderá ser confirmada ou refutada – ou seja, ao fim da pesquisa, ela pode ter se demonstrado verdadeira ou falsa. Uma hipótese, ao ter um retorno falso, ou seja, que não era o esperado pelo pesquisador, é tão válida quanto uma hipótese confirmada. O que move a ciência é justamente a criticidade, ou seja, a capacidade de refutação, de demonstração do errado. Há uma anedota em torno de Thomas Edison que exemplifica exatamente essa situação: perguntado se ele havia falhado em 10.000 projetos antes de conseguir estabilizar a lâmpada elétrica, o inventor respondeu que não fracassou nunca, e sim descobriu 10.000 formas de não fazer uma lâmpada. Assim, cada pesquisa feita com criticidade é uma boa pesquisa.

A próxima etapa é uma muito valiosa às pesquisas historiográficas: a **listagem das fontes**. Em outros campos de investigação, as fontes não são tão importantes, mas, na história, elas talvez sejam os elementos mais importantes, pois sem elas não existe pesquisa. Quais documentos o pesquisador utilizará para tentar responder às suas hipóteses? Ele utilizará livros, jornais, filmes? Ou, ainda, entrevistas orais, peças museológicas ou registros urbanos? No momento da listagem das fontes, é necessário dizer quais são e em que estado elas estão, para que o leitor possa saber como e em que medida a pesquisa ocorrerá, sendo importante descrever o real estado das fontes. Por exemplo, se um estudo compreende uma série de 25 revistas lançadas ao longo de dois anos, mas a edição número 2 não foi encontrada, o historiador deve listar e explicitar esse fato ao leitor, visto que – de alguma forma – a pesquisa pode ser completada por outro pesquisador que, em um golpe de sorte, vai encontrar a revista em questão. Interessante ponderar que, até alguns anos atrás, havia uma distinção entre fontes primárias e fontes secundárias. Essa distinção, principalmente por conta da reprodutibilidade técnica oriunda da indústria cultural, não é mais utilizada. Atualmente, como dissemos, tudo pode ser encarado como fonte.

A próxima etapa é a **metodologia**. Nessa fase, o pesquisador demonstra quais técnicas utilizará para trabalhar e interrogar as fontes por ele elencadas, além de mostrar quais instrumentos serão utilizados. O pesquisador utilizará estatística ou algum tipo de questionário para história oral? Ou se concentrará em pesquisas bibliográficas? Todas essas questões devem estar aqui descritas para que o leitor saiba exatamente como o pesquisador conseguiu extrair os dados mencionados. A metodologia refere-se ao modo de fazer uma pesquisa; quanto mais explicitada ela estiver, mais fácil será a leitura do texto seguinte e o trabalho do investigador, que tem ali um norte a seguir.

Para ajudar ainda mais o pesquisador em sua busca, o próximo passo é o **cronograma de atividades**, que ajuda o historiador a organizar seu trabalho e estipula datas concretas, que não devem ser alteradas, salvo motivos de força maior. O cronograma deve ter, em seu primeiro dia, a data de realização do projeto de pesquisa e, como data final, o fatídico dia de apresentação a uma banca de especialistas que julgará o trabalho. Ao seguir corretamente o cronograma, o pesquisador terá a segurança de estar ou não dentro de um prazo seguro para a elaboração do trabalho completo. Naturalmente, essa etapa é útil apenas para o investigador – e talvez para seu orientador. Por esse motivo, não está presente em todos os projetos de pesquisa histórica.

Por último, temos a **bibliografia**, que difere da revisão bibliográfica porque não discute os livros. Aqui são listados todos os livros que o historiador utilizará ao longo de sua pesquisa, mas é importante destacar que são efetivamente *todos*, ou seja, até aqueles incidentais, que servem apenas para a retirada de uma citação. Não nos referimos aos livros principais, que já foram listados na revisão da bibliografia, mas sim a cada um dos títulos, em ordem alfabética de autor, que integrarão a pesquisa.

Enfim, depois de todas essas explicações, depois de termos discutido as funções da pesquisa histórica, embrenhado-nos nos conceitos de consciência e de narrativa histórica, percebido como a história é uma ciência e o que é uma pesquisa história, além de termos visto diversos tipos de fontes, tão díspares quanto uma carta de testamento e uma história em quadrinhos; depois de percebermos como utilizar a pesquisa histórica dentro da sala de aula, a aceleração do tempo histórico e a história como disciplina acadêmica, até a conclusão com um breve modelo de projeto de pesquisa histórica; acreditamos que você, leitor, pesquisador, historiador, tem em suas mãos e em sua mente as formas para fazer a melhor pesquisa historiográfica do mundo. Agora é com você. Vá me frente, investigue questione, critique. E faça história!

Síntese

Neste capítulo, abordamos várias e instigantes possibilidades acerca da utilização da pesquisa histórica em sala de aula.

Discutimos o presentismo e o multimidiatismo, que mudam, de forma contundente, a maneira como os alunos percebem e se relacionam com o mundo que os cerca, além de como a sociedade de consumo afeta a história e como a maior parte dos discentes quer algo que possa ser utilizado no dia de hoje ou, no máximo, daqui um mês ou dois. E isso não é possível na história. Fizemos um retrospecto histórico de como as percepções humanas chegaram a esse ponto e tratamos sobre a aceleração do tempo histórico, quais suas causas e suas principais consequências. Discutimos brevemente sobre a sociedade da informação e o cúmulo de dados que podemos encontrar ao apertar um ou dois botões em nossos aparelhos eletroeletrônicos e acompanhamos o desenvolvimento da História como disciplina acadêmica e a formação de sua identidade e circunscrição metodológica.

Mostramos também que essa circunscrição trouxe à história uma hermeticidade que faz muito mal aos nossos alunos, bem como uma dificuldade no acesso às pesquisas mais recentes. Tentamos demonstrar como utilizar as fontes dentro de uma sala de aula, buscando nos PCN o embasamento para nossas colocações e definições. Vimos que a problematização também é fundamental para a utilização de fontes históricas em uma sala de aula, pois, sem problematização, não há razões plausíveis para o uso das fontes nesse contexto.

Dividimos em três etapas o estudo da fonte com os alunos – identificação, interpretação e problematização – e vimos metodologias para usar um documento escrito em sala de aula, bem como as visitas aos museus e as fontes audiovisuais, cada qual com suas especificidades e sua forma de trabalhar com os diversos níveis educacionais no Brasil.

Discutimos bens simbólicos e condições de produção-consumo de obras multimidiáticas para debater com os alunos e, por fim, analisamos como utilizar as fontes orais na sala de aula e como demonstrar aos alunos questões como memória, veracidade e visão particular da realidade. Tudo isso dividido em três distintas formas de entrevista: questionário, entrevista dirigida e história de vida.

Atividades de autoavaliação

1. Duas das maiores conquistas ou avanços da humanidade nos séculos XX e XXI foram:
   a) o imperialismo norte-americano e o *rock'n'roll*.
   b) os meios de comunicação e a informática.
   c) os carros elétricos e a informática.
   d) as fábricas e os motores à explosão.

2. O avanço das telecomunicações, o aumento da velocidade dos meios de transporte, o acúmulo e a divulgação do conhecimento são fatos que ajudaram a consolidar:
   a) a globalização capitalista.
   b) o bloco do Euro.
   c) a aceleração do tempo histórico.
   d) as forças produtivas.

3. A História acabou por se converter em uma disciplina de especialistas. Por conta disso, as pessoas leigas tendem a considerá-la:
   a) hermética e ininteligível.
   b) inútil e inteligível.
   c) concentradora e sem recursos metodológicos.
   d) castradora e ineficaz.

4. As três etapas que o professor deve seguir com seus alunos em sala de aula quando utilizar uma fonte histórica são:
   a) identificação, interpretação e problematização.
   b) identificação, transcrição e compreensão.
   c) interpretação, aglutinação e anotação.
   d) anotação, Intensificação e Identificação.

5. Os depoimentos orais, atualmente, têm uma relevância tão grande nas salas de aula porque:
   a) essa é a única forma de conhecer a história: por meio de quem a viveu.
   b) os documentos podem ser falsos, mas a história oral garante fidedignidade.
   c) com a história oral, os alunos não precisam se preocupar com outro tipo de fonte.
   d) as entrevistas são geralmente feitas com familiares, vizinhos ou amigos dos alunos, ou seja, não geram nenhum tipo de ônus para eles.

Atividades de aprendizagem

Questões para reflexão

1. Sozinho ou junto com seus colegas, investigue os PCN do ensino médio e procure identificar as questões do uso de fontes em sala de aula propostas pelo documento. Avalie se elas são úteis e exequíveis na sua prática diária.

2. Escolha e avalie um livro didático. Procure perceber quais as intenções e as orientações explícitas e implícitas daquele texto. Se possível, comente e compare com outros livros e outros colegas.

Atividade aplicada: prática

Com alguns colegas, monte um questionário para entrevistar um idoso acerca da mobilidade urbana ao longo da história de vida dele. Aplique esse questionário em pelo menos 12 pessoas, para comparar dados e tentar resgatar qual o pensamento dessas pessoas em relação à urbanização das cidades. Depois, compare com os dados da prefeitura ou do IBGE sobre o acúmulo de carros e o processo de asfaltamento das cidades.

Considerações finais

E chegamos ao fim deste livro. Que bom que você nos acompanhou até aqui. Espero que a leitura tenha sido prazerosa e, mais do que isso, útil para seu desenvolvimento acadêmico.

Aqui, você pôde perceber as funções da pesquisa histórica e conseguiu se aprofundar em um dos temas mais importantes para o historiador atual, que é o conceito e a aplicação da consciência histórica, que, de uma forma ou de outra, está sempre permeando nossas vidas. Viu também que a narrativa histórica é importantíssima para o desenvolvimento da ciência e para sua divulgação e seu engrandecimento, além de perceber o que é e como se faz uma pesquisa histórica.

Você também descobriu o que é e como utilizar uma fonte escrita e como utilizar registros vitais de batismo, casamento e morte, testamentos, processos criminais, pronunciamentos de personalidades e até mesmo diários de pessoas comuns. Viu que as fontes não se extinguem em objetos escritos e como a lidar com imagens estáticas e dinâmicas, com fotografias e cinema, com esculturas e animações. Aprendeu como utilizar a música em suas pesquisas e o humor gráfico em forma de tiras de histórias em quadrinhos, charges ou cartuns.

Mais do que isso, entendeu como a usar tais conhecimentos em sala de aula, identificando a aceleração do tempo histórico e seus efeitos (bons ou ruins) sobre a sociedade mundial atual. Aprendeu também a identificar, interpretar e problematizar uma fonte, não apenas para a sua pesquisa particular, mas também para levar tais conhecimentos e metodologias aos seus alunos, a fim de que eles também se tornem pesquisadores.

Sentimo-nos honrados com sua leitura e esperamos que esse tenha sido apenas o início de uma jornada, apenas o comecinho de um novo caminho a ser trilhado para dentro das metodologias de história. Por fim, desejamos que você, leitor, feche este livro e transfira todo o conhecimento adquirido a seus alunos e colegas.

Referências

ADORNO, T. W. **Textos escolhidos**. São Paulo: Nova Cultural, 1999. (Coleção Os Pensadores).

A HISTÓRIA da inflação no Brasil. Direção: Roberto Stefanelli. Brasil: TV Câmara, 2002. 59 min.

ALBUQUERQUE JR., D. M. de. A dimensão retórica da historiografia. In: PINSKY, C. B.; LUCA, T. R. de (Org.). **O historiador e suas fontes**. São Paulo: Contexto, 2013. p. 223-249.

ARAÚJO, P. C. de. **Eu não sou cachorro, não**: música popular cafona e ditadura militar. Rio de Janeiro: Record, 2013.

ARENDT, Hanna. **As origens do totalitarismo**. São Paulo: Companhia das Letras, 2013.

ARIÈS, P. **História social da criança e da família**. Tradução de Dora Flasksman. 2. ed. São Paulo: LTC, 1981.

AUMONT, J. **A imagem**. Tradução de Estela dos Santos Abreu e Cláudio C. Santoro. São Paulo: Papirus, 1993.

BAKHTIN. M. **Estética da criação verbal**. São Paulo: WMF, 2011.

BARROS, J. D'A. **O projeto de pesquisa em história**: da escolha do tema ao quadro teórico. 10. ed. Petrópolis: Vozes, 2015.

BARTHES, R. **A câmara clara**. São Paulo: Saraiva, 2012.

BASSANEZI, M. S. Os eventos vitais na reconstituição da história. In: PINSKY, C. B.; LUCA, T. R. de (Org.). **O historiador e suas fontes**. São Paulo: Contexto, 2013. p. 141-172.

BAUER, C. S.; GERTZ, R. E. Fontes sensíveis da história recente: arquivos de regimes repressivos. In: PINSKY, C. B.; LUCA, T. R. de (Org.). **O historiador e suas fontes**. São Paulo: Contexto, 2013. p. 173-193.

BAUMAN, Z. **Confiança e medo na cidade**. Tradução de Eliana Aguiar. Rio de Janeiro, Zahar, 2009.

_____. **Vida a crédito**. Rio de Janeiro: Zahar, 2010.

BENJAMIN, W. **Magia e técnica, arte e política**: ensaios sobre literatura e história da cultura. Tradução de Sérgio Paulo Rouanet. 7. ed. São Paulo: Brasiliense, 1994.

BERGER, J. **Modos de ver**. Tradução de Lúcio Olinto. Rio de Janeiro: Rocco, 1999.

BLANC, A.; BOSCO, J. **O bêbado e a equilibrista**. Elis Regina, Essa mulher. Rio de Janeiro: Warner, 1979. Faixa 2.

BLOCH, M. **Apologia da história ou O ofício do historiador**. Rio de Janeiro: Zahar, 2001.

BOURDIEU, P. **Esboço de uma teoria da prática**. Oeiras: Celta, 2002.

BURKE, P. **Testemunha ocular**: história e imagem. Bauru: Edusc, 2008.

CAMINHA, P. V. de. **A carta**. Disponível em: <http://www.dominiopublico.gov.br/download/texto/ua000283.pdf>. Acesso em: 3 abr. 2016.

CAMPBELL, J. **O herói de mil faces**. São Paulo: Cultrix/Pensamento, 1995.

CASTELLS, M. **A sociedade em rede**. São Paulo: Paz e Terra, 2006. v. 1.

CHARTIER, R. **A aventura do livro**: do leitor ao navegador. São Paulo: Unesp, 1999.

_____. **Práticas da leitura**. 2. ed. São Paulo: Estação Liberdade, 2000.

CLARKE, A. C. **Mundos perdidos de 2001**. Rio de Janeiro: Expressão e Cultura, 1972.

COSTA, H. L.; BURGI, S. **As origens do fotojornalismo no Brasil**: um olhar sobre *O Cruzeiro* (1940-1960). São Paulo: Instituto Moreira Salles, 2013.

CUNHA, M. T. Diários pessoais: territórios abertos para a história. In: PINSKY, C. B.; LUCA, T. R. de (Org.). **O historiador e suas fontes**. São Paulo: Contexto, 2013.

DECCA, E. S. de. **O nascimento das fábricas**. 5. ed. São Paulo: Brasiliense, 1984.

DELUMEAU, J. **História do medo no Ocidente**: (1300-1800). São Paulo: Companhia das Letras, 1999.

DOSSE, F. **A história à prova do tempo**: da história em migalhas ao resgate do sentido. São Paulo: Unesp, 2001.

_____. **A história em migalhas**: dos annales à nova história. Bauru: Edusc, 2003.

ECO, U. **Apocalípticos e integrados**. São Paulo: Perspectiva, 1970. (Coleção Debates).

_____. **Obra aberta**. 9. ed. São Paulo: Perspectiva, 2013. (Coleção Debates).

FERRO, M. **Cinema e história**. Tradução de Flávia Nascimento. Rio de Janeiro: Paz e Terra, 1992.

FICHOU, J.-P. **A civilização americana**. Campinas: Papirus, 1990.

FISHLOW, A. Uma história de dois presidentes: a economia política da gestão da crise. In: STEPAN, A. (Org.). **Democratizando o Brasil**. Rio de Janeiro: Paz e Terra, 1988. p. 137-197.

FLUSSER, V. **Filosofia da caixa preta**: ensaios para uma futura filosofia da fotografia. São Paulo: AnnaBlume, 2011.

FOUCAULT, M. **A ordem do discurso**. São Paulo: Publifolha, 2015.

_____. **Vigiar e punir**: nascimento da prisão. Tradução de Raquel Ramalhete. 20. ed. Petrópolis: Vozes, 1987.

FREIRE, P. **Pedagogia do oprimido**. São Paulo: Paz e Terra, 2014.

FURTADO, J. F. A morte como testemunho da vida. In: PINSKY, C. B.; LUCA, T. R. de (Org.). **O historiador e suas fontes**. São Paulo: Contexto, 2013. p. 93-118.

GAY, P. **Freud**: uma vida para o nosso tempo. Tradução de Denise Bottmann. 2. ed. São Paulo: Companhia das Letras, 2012.

GERNSHEIM, H. **Historia grafica de la fotografia**. Barcelona: Omega, 1967.

GINZBURG, C. **O queijo e os vermes**. São Paulo: Companhia das Letras, 2005.

GOMBRICH, E. H. **A história da arte**. Rio de Janeiro: Zahar, 1979.

GOMES, O. **Sucessões**. 16. ed. São Paulo: Forense, 2015.

GRINBERG, K. A história nos porões dos arquivos judiciários. In: PINSKY, C. B.; LUCA, T. R. de (Org.). **O historiador e suas fontes**. São Paulo: Contexto, 2013. p. 118-139.

HAKKERT, R. **Fontes de dados demográficos**. Belo Horizonte: Abep, 1996.

HARTOG, F. **Regimes de historicidade**: presentismo e experiências do tempo. Belo Horizonte: Autêntica, 2013.

HOBSBAWM, E. **Era dos extremos**: o breve século XX. Tradução de Marcos Santarrita. São Paulo: Companhia das Letras, 2010.

HUMMEL, K.; NOVA, M. **O adventista**. Camisa de Vênus, Camisa de Vênus. São Paulo: Som Livre, 1983. Faixa 6.

IBGE – Instituto Brasileiro de Geografia e Estatística. **População residente, urbana e rural, segundo as grandes regiões e unidades da federação**: 1940-1980. Disponível em: <http://www.ibge.gov.br/seculoxx/arquivos_pdf/populacao/1985/populacao1985aeb_060.pdf>. Acesso em: 11 jul. 2015a.

_____. **Variação absoluta e relativa e taxa média geométrica de incremento anual da população residente, segundo os municípios das capitais**: 1970-1980. Disponível em: <http://www.ibge.gov.br/seculoxx/arquivos_pdf/ populacao/1983/populacao_m_1983aeb_053_1.pdf>. Acesso em: 11 jul. 2015b.

JAIME, L. **Solange**. Leo Jaime, Sessão da Tarde. Rio de Janeiro: Epic, 1985. Faixa 8.

JOHNSON, S. **Cultura da interface**: como o computador transforma nossa maneira de criar e comunicar. Tradução de Maria Luísa X. de A. Borges. Rio de Janeiro: Jorge Zahar, 2001.

KARNAL, L.; TATSCH, F. G. Documento e história: a memória evanescente. In: PINSKY, C. B.; LUCA, T. R. de (Org.). **O historiador e suas fontes**. São Paulo: Contexto, 2013. p. 9-28.

KELLNER, D. **A cultura da mídia**: estudos culturais – identidade e política entre o moderno e o pós-moderno. Bauru: Edusc, 2001.

KING, D. **The Commissar Vanishes**: the Falsification of Photographs and Art in Stalin's Russia. New York: Metropolitan Books, 1997.

KOSELLECK, R. **Futuro passado**. Rio de Janeiro: Contraponto/PUC-Rio, 2006.

LATOUR, B. Give me a Laboratory and I will Raise the World. In: KNORR-CETINA, K.; MULKAY, M. (Ed.). **Science Observed**: Perspectives on the Social Study of Science. Londres: Sage, 1983. p. 141-170.

LEITE, R. M. Registros numa correspondência e lembranças de infância. In: GOBBI, M. V. Z.; FERNANDES, M. L. O.; JUNQUEIRA, R. S. (Org.). **Intelectuais portugueses e a cultura brasileira**: depoimentos e estudos. São Paulo: Unesp, 2003. p. 51-56.

LIMA, S. F. de; CARVALHO, V. C. de. Fotografias: usos sociais e historiográficos. In: PINSKY, C. B.; LUCA, T. R. de (Org.). **O historiador e suas fontes**. São Paulo: Contexto, 2013. p. 29-60.

MALATIAN, T. Narrador, registro e arquivo. In: PINSKY, C. B.; LUCA, T. R. de (Org.). **O historiador e suas fontes**. São Paulo: Contexto, 2013. p. 195-221.

MARTIN, M. **A linguagem cinematográfica**. São Paulo: Brasiliense, 2003.

MERHEB, R. **O som da revolução**: uma história cultural do rock – 1965-1969. Rio de Janeiro: Civilização Brasileira, 2012.

MORAES, D. de. **O rebelde do traço**: a vida de Henfil. 2. ed. Rio de Janeiro: J. Olympio, 1997.

MUMFORD, L. **A cidade na história**: suas origens, transformações e perspectivas. São Paulo: M. Fontes, 2008.

NAPOLITANO, M. **Como usar o cinema na sala de aula**. 4. ed. São Paulo: Contexto, 2010.

_____. **Cultura brasileira**: utopia e massificação (1950-1980). São Paulo: Contexto, 2001.

_____. Fontes audiovisuais: a história depois do papel. In: PINSKY, C. B.; LUCA, T. R. de (Org.). **O historiador e suas fontes**. São Paulo: Contexto, 2011. p. 235-289.

_____. **História & música**: história cultural da música popular. Belo Horizonte: Autêntica, 2002. (Coleção História & ... Reflexões, 2).

NICOLAU, M. **Tirinha:** a síntese criativa de um gênero jornalístico. João Pessoa: Marca de Fantasia, 2007. (Série Quiosque, 19).

OLIVEIRA, D. de. **Professor-pesquisador em educação histórica.** Curitiba: Ibpex, 2011. (Coleção Metodologia do Ensino de História e Geografia).

PANOFSKY, E. **Significado nas artes visuais.** São Paulo: Perspectiva, 2002.

PARK, R. E. A cidade: sugestões para a investigação do comportamento humano no meio urbano. In: VELHO, O. G. (Org.). **O fenômeno urbano.** Rio de Janeiro: Zahar, 1979. p. 25-66.

PIKETTY, T. **O capital no século XXI.** São Paulo: Intrínseca, 2014.

PILAGALLO, O. **A história do Brasil no século XX:** (1980-2000). São Paulo: Publifolha, 2006.

PIOVEZAN, A. **Morrer na guerra:** instituições, ritos e devoções no Brasil (1944-1967). 298 f. Tese (Doutorado em História) – Universidade Federal do Paraná, Curitiba, 2014.

RAMOS, P. **Faces do humor:** uma aproximação entre piadas e tiras. São Paulo: Zarabatana, 2011.

REZENDE, L. L. A circulação de imagens no Brasil oitocentista: uma história com marca registrada. In: CARDOSO, R. (Org.). **O design brasileiro antes do design:** aspectos da história gráfica – 1870-1960. São Paulo: Cosac Naify, 2005. p. 20-57.

RICOEUR, P. **Tempo e narrativa.** Tradução de Constança Marcondes Cesar. Campinas: Papirus, 1994. Tomo I.

ROCK BRASÍLIA: Era de Ouro. Direção: Vladimir Carvalho. Brasil: Downtown Filmes, 2011. 111 min.

RÜSEN, J. **Jörn Rüsen e o ensino de história.** Curitiba: UFPR, 2011.

_____. **Razão histórica:** teoria da história – os fundamentos da ciência histórica. Brasília: UNB, 2001.

RÜSEN, J. **Reconstrução do passado**: teoria da História III –
os princípios da pesquisa histórica. Brasília: UNB, 2010.

RUSSO, R. **Faroeste Caboclo**. Legião Urbana, Que País é Este? Rio
de Janeiro: EMI, 1987. Faixa 7.

SANTAELLA, L. **O que é semiótica**. São Paulo: Brasiliense, 2003.
(Coleção Primeiros Passos).

SANTOS, M. **Da totalidade ao lugar**. São Paulo: Edusp, 2008.

SCHITTINE, D. **Blog**: comunicação e escrita íntima na internet.
Rio de Janeiro: Civilização Brasileira, 2004.

SILVA, H. R. da. **Fragmentos da história intelectual**. Campinas:
Papirus, 2002.

SIMMEL, G. A metrópole e a vida mental. In: VELHO, O. G. (Org.).
O fenômeno urbano. Rio de Janeiro: Zahar, 1979. p. 10-24.

SKIDMORE, T. A lenta via brasileira para a democratização: 1974-
1985. In: STEPAN, A. (Org.). **Democratizando o Brasil**. Rio de
Janeiro: Paz e Terra, 1988. p. 27-81.

ULYSSES – cidadão. Direção: Eduardo Escorel. Brasil: Tatu Filmes,
1993. 73 min.

VIEGAS, W. **Fundamentos lógicos da metodologia científica**. 3.
ed. Brasília: UNB, 2007.

VOVELLE, M. **As almas do purgatório**: ou o trabalho de luto. São
Paulo: Unesp, 2010.

WHITE, H. **Trópicos do discurso**: ensaios sobre a crítica da
cultura. São Paulo: Edusp, 2004.

WIRTH, L. O urbanismo como modo de vida. In: VELHO, O. G. (Org.).
O fenômeno urbano. Rio de Janeiro: Zahar, 1979. p. 89-112.

Bibliografia comentada

BARROS, J. D'A. **O projeto de pesquisa em história**. Petrópolis: Vozes, 2015.

Um interessantíssimo livro, quase um manual, sobre como realizar sua pesquisa na área de história. O professor Barros desenvolve uma metodologia que ajuda muito os alunos da graduação a prepararem seu TCC ou sua monografia. É indicado também para pessoas de outras áreas que tentam aprender a desenvolver um projeto com a metodologia da história.

BLOCH, M. **Apologia da história**. Rio de Janeiro: Zahar, 2001.

Livro essencial para qualquer estudante de história. Um relato apaixonado de um dos maiores historiadores do século XX e que, infelizmente, sucumbiu ao nazismo. Esse livro apresenta as belezas de ser historiador e, ao mesmo tempo, cumpre seu papel de educar na metodologia histórica, inclusive definindo o que é e o que não é uma pesquisa histórica. Mais do que um livro de história, é um livro para se apaixonar pela área.

BURKE, P. **Testemunha ocular:** história e imagem. Florianópolis: Edusc, 2008.

Livro que Burke dedica ao estudo das imagens no meio histórico. Como pesquisar uma imagem? Como utilizar uma fotografia ou uma pintura em nossas pesquisas? São essas perguntas que o professor inglês procura responder em seu texto, com uma linguagem simples e, ao mesmo tempo, complexa, apresentando ao leitor formas de inquirir imagens e olhar através delas o tempo pretérito.

KOSELLECK, R. **Futuro passado.** Rio de Janeiro: Contraponto/ PUC-Rio, 2006.

Atualmente um livro já clássico, aqui o professor alemão Koselleck, em diversos textos, busca analisar a linguagem e como esta molda a história. Conceitos como passado, presente e futuro acabam sendo desmistificados, bem como os conceitos-chave de horizonte de expectativas e de tempo histórico, que permeiam toda a obra.

RÜSEN, J. **Jörn Rüsen e o ensino de história.** Curitiba: Ed. da UFPR, 2011.

Normalmente, os textos de Rüsen são complexos e de difícil entendimento. Indicamos, então, esse livro – que, na verdade, é composto de pequenos textos condensados na mesma obra – como a primeira leitura sobre esse pensador, que é uma espécie de porta de entrada às suas ideias. Para um historiador iniciante, é um livro fundamental.

Respostas

Capítulo 1

Atividades de autoavaliação
1. c
2. a
3. c
4. a
5. d

Capítulo 2

Atividades de autoavaliação
1. b
2. c
3. c
4. a
5. d

Capítulo 3

Atividades de autoavaliação

1. c
2. d
3. a
4. a
5. d

Capítulo 4

Atividades de autoavaliação

1. a
2. b
3. b
4. b
5. a

Capítulo 5

Atividades de autoavaliação

1. b
2. c
3. a
4. a
5. d

Sobre o autor

Rodrigo Otávio dos Santos (também conhecido como Rodrigo Scama) é formado em História pela Universidade Federal do Paraná (UFPR), mestre em Tecnologia pela Universidade Tecnológica Federal do Paraná (UTFPR) e doutor em História pela UFPR. Atualmente, é professor do curso de Direito e professor-pesquisador no Programa de Mestrado em Educação e Novas Tecnologias, ambos do Centro Universitário Uninter.

Imagens de capa:

Napoleão cruzando os Alpes, de de Jacques-Louis David

DAVID, J. **Napoleão cruzando os Alpes.** 1801-1805. Óleo sobre tela, 261 × 221 cm. Castelo de Malmaison, Rueil-Malmaison, França.

Shutterstock
Irina Vaneeva/Shutterstock
LiliGraphie/Shutterstock
Everett Historical/Shutterstock

Os papéis utilizados neste livro são provenientes de fontes renováveis, certificados por instituições ambientais competentes, são recicláveis, e portanto um meio responsável de informação e conhecimento.

FSC
www.fsc.org
MISTO
Papel produzido
a partir de
fontes responsáveis
FSC® C057341

Impressão: Log&Print Gráfica e Logística S.A.
Julho/2019